Quantum Security Technology

量子安全技术

广东中科云量信息安全技术有限公司　编

中山大学出版社

· 广州 ·

图书在版编目（CIP）数据

量子安全技术/广东中科云量信息安全技术有限公司编 . —广州：中山大学出版社，2023.5

ISBN 978 - 7 - 306 - 07795 - 0

Ⅰ.①量…　Ⅱ.①广…　Ⅲ.①量子力学—光通信　Ⅳ.①TN929.1

中国国家版本馆 CIP 数据核字（2023）第 072481 号

出　版　人：王天琪
策划编辑：熊锡源
责任编辑：熊锡源
封面设计：曾　斌
责任校对：廖翠舒
责任技编：靳晓虹
出版发行：中山大学出版社
电　　话：编辑部 020 - 84110283，84113349，84111997，84110779，84110776
　　　　　发行部 020 - 84111998，84111981，84111160
地　　址：广州市新港西路 135 号
邮　　编：510275　传　真：020 - 84036565
网　　址：http：//www. zsup. com. cn　E-mail：zdcbs@ mail. sysu. edu. cn
印　刷　者：广州市友盛彩印有限公司
规　　格：787mm×1092mm　1/16　12.25 印张　270 千字
版次印次：2023 年 5 月第 1 版　2023 年 5 月第 1 次印刷
定　　价：40.00 元

目　　录

第一章 量子力学基础

第一节 什么是量子?

一、量子——物理量的最小单元

量子(quantum)是现代物理的重要概念。量子一词来自拉丁语 quantus,意为"有多少",代表"相当数量的某物质"。1900 年,德国物理学家 M. 普朗克假设能量是不连续的,从而首次提出了量子的概念。一个物理量如果存在最小的不可分割的基本单位,则这个物理量是量子化的,这个最小单位称为量子。通俗地说,量子是能表现出某物质或物理量特性的最小单元。

后来的研究表明,不但能量表现出这种不连续的分离化性质,其他物理量诸如角动量、自旋、电荷等也都表现出这种不连续的量子化现象。这同以牛顿力学为代表的经典物理学有根本的区别。量子化现象主要表现在微观物理世界。描写微观物理世界的物理理论是量子力学。

自从普朗克提出量子这一概念以来,经爱因斯坦、玻尔、德布罗意、海森堡、薛定谔、狄拉克、玻恩等人的完善,在 20 世纪的前半期,初步建立了完整的量子力学理论。在现代物理学中常用到量子的概念,指一个不可分割的基本个体。例如,"光的量子"(光子)是一定频率的光的基本能量单位。而延伸出的量子力学、量子光学等成为不同的专业研究领域,其基本概念为所有的有形性质,是"可量子化的"。"量子化"指其物理量的数值是离散的,而不是连续地任意取值。例如,在原子中,电子的能量是可量子化的。这决定了原子的稳定性和发射光谱等一般问题。绝大多数物理学家将量子力学视为理解和描述自然的基本理论。

二、超出想象的量子力学

量子力学是描述微观物质的理论,与相对论一起被认为是现代物理学的两大基本支柱,许多物理学理论和科学如原子物理学、固体物理学、核物理学和粒子物理学以及其他相关的学科都是以量子力学为基础进行的。量子力学是描写原子和亚原子尺度的物理学理论。该理论形成于 20 世纪初期,它的形成彻底改变了人们对物质组成成分的认识。

在我们的生活常识中,物质是实体的,看得见、摸得着。而在微观世界里,粒子不是实心球,而是随机跳跃的概率云。它们不只存在于一个位置,也不会从点 A 通过一条单一路径到达点 B。根据量子理论,粒子的行为像波,用于描述粒子行为的"波函数"预测一个粒子可能的特性,诸如它的位置和速度,而非确定的特性。物理学中有些怪异

的概念，诸如量子纠缠、不确定性原理等，就源于量子力学。

科学家在观测量子时发现，量子状态无法确定，量子在同一时间可能出现在 A 地，也可能出现在 B 地，或可能同时出现在不同的地方。量子在某个位置出现是概率性的，并没有确定性，这就叫量子叠加态。一对关联粒子，如果改变其中一个粒子的属性，另一个粒子不管相距多远都会瞬间改变，这种信息的传递不需要时间，这就是量子纠缠。当你不观测量子时，量子处于叠加态；当你观测量子时，量子表现出唯一状态。这就是量子塌缩。

在经典力学里，知道一个物体的初始位置及其运动速度，就可以准确计算出它未来的运行轨迹；而在量子力学里，你不可能同时知道一个粒子的位置和它的速度，这就是海森堡于 1927 年提出的"不确定性原理"。这表明微观世界的粒子行为与宏观物质很不一样。此外，不确定性原理涉及很多深刻的哲学问题，用海森堡自己的话说："在因果律的陈述中，即'若确切地知道现在，就能预见未来'，所得出的并不是结论，而是前提。我们不能知道现在的所有细节，是一种原则性的事情。"

在量子力学里，玻恩定则是一个基础公设，根据提出这定则的物理学者马克斯·玻恩而命名。它给定对量子系统做测量得到某种结果的概率，它与海森堡不确定性原理一样，将概率的概念引入量子力学，因此使得量子力学展现出其独特的非决定性质。玻恩认为，就算我们把电子的初始状态测量得精确无误（实际上根据海森堡不确定性原理，这是不可能的），我们也不能预言电子最后的准确位置。这种不确定不是因为我们的计算能力不足，而是深藏于物理定律内部的一种属性。即使从理论上来说，我们也不能准确地预测大自然。显然，这已经不是推翻某个理论的问题，而是对整个决定论系统的挑战。我们知道，根据牛顿的引力和力学定律，在了解物体的初始条件和受力情况后，我们可以预测大到宇宙星辰，小到苹果的运动情况。而现在玻恩的概率论挑战了这一切——如果我们失去了预测能力，物理定律变成了随机的掷骰子，那物理学存在还有什么价值？经典的决定论遭到了量子论的严重挑战，后来的混沌动力学的兴起更使得它彻底被打垮。现在我们知道，即使没有量子力学的挑战，就牛顿方程本身来说，许多系统是极不稳定的，任何细小的干扰都会对系统的发展造成巨大的影响。比如，蝴蝶效应。现在的天气预报已经改成概率性的说法，例如，明天的降水概率是 30%。1986 年，英国的流体力学家詹姆士·莱特希尔爵士在英国皇家学会纪念牛顿《原理》发表 300 周年的集会上做出了轰动一时的道歉："我们曾经误导了公众，向他们宣传说满足牛顿运动定律的系统是决定论的，但是这在 1960 年后已经被证明不是真的。我们都愿意在此向公众道歉。"

第二节　量子力学的发展

量子物理学是研究微观粒子运动规律的学科，是研究原子、分子以至原子核和基本粒子的结构和性质的基本理论。量子理论是现代物理学的两大基石之一，为从微观层面理解宏观现象提供了理论基础。

一、早期量子理论

量子理论的突破首先出现在黑体辐射能量密度随频率的分布规律上。1900 年 10

月，普朗克在解释黑体辐射现象时，将维恩定律加以改良，又将玻尔兹曼熵公式重新诠释，得出了一个与实验数据完全吻合的普朗克公式来描述黑体辐射。普朗克提出了一个能与观测结果很好地相符合的简单公式，实验物理学家相信其中必定蕴藏着一个尚未被揭示出来的科学原理。普朗克发现，如做如下假定则可从理论上导出其黑体辐射公式：对于一定频率 ν 的辐射，物体只能以 $h\nu$ 为能量单位吸收或发射它，h 被称为普朗克常数。换言之，物体吸收或发射电磁辐射，只能以量子的方式进行，每个量子的能量为 $E = h\nu$，称为作用量子。在经典物理学中，根据能量均分定理，能量是连续变化的，可以取任意值。但是在诠释这个公式时，通过将物体中的原子看作微小的量子谐振子，不得不假设这些量子谐振子的总能量不是连续的，即总能量只能是离散的数值（与经典物理学的观点恰好相反）。普朗克进一步假设单独量子谐振子吸收和放射的辐射能是量子化的，像原子作为一切物质的构成单位一样，"能量子"（量子）是能量的最小单位。物体吸收或发射电磁辐射，只能以量子的方式进行。即，黑体辐射中的辐射能量是不连续的，只能取能量基本单位的整数倍。这一观点严重地冲击了经典物理学。量子论涉及物质运动形式和运动规律的根本变革。

物理学家爱因斯坦首先注意到量子假设有可能解决经典物理学所碰到的其他疑难。1905 年，他试图用量子假设去说明光电效应中碰到的疑难，把量子概念引进光的传播过程，提出了"光量子"（光子）概念，认为辐射场就是由光量子组成的。每一个光量子的能量 E 与辐射的频率 ν 之间的关系是 $E = h\nu$。采用光量子概念之后，光电效应中出现的疑难随即迎刃而解。爱因斯坦还提出了光同时具有波和粒子的性质，即光的"波粒二象性"。

至此，普朗克提出的能量不连续的概念，才逐渐引起物理学家的注意。就这样，一位谨慎的物理学家普朗克揭开了 20 世纪初量子物理学革命的帷幕。

二、量子力学的诞生

量子力学是在克服早期量子论的困难和局限性中建立起来的。

在普朗克 – 爱因斯坦的光量子论和玻尔的原子论的启发下，法国物理学家 L. 德布罗意分析了光的微粒说与波动说的发展历史，并注意到几何光学与经典粒子力学的相似性，根据类比方法设想实物（静质量 $m \neq 0$ 的）粒子也和光一样，具有波粒二象性，且这两方面必有类似的关联，而普朗克常数必定出现在其中。他假定与具有一定能量 E 和动量 p 的实物粒子相联系的波（称为"物质波"）的频率和波长分别为 $\nu = E/h$，$\lambda = h/p$，称为德布罗意关系式。即一切物质粒子均具备波粒二象性。他提出这个假定，一方面是企图把作为物质存在的两种形式（光和 $m \neq 0$ 的实物粒子）统一起来；另一方面亦是为了更深入地理解微观粒子能量的不连续性，以克服玻尔理论带有人为性质的缺陷。德布罗意把原子定态与驻波联系起来，即把束缚运动实物粒子的能量量子化与有限空间中驻波的波长（或频率）的离散性联系起来。

奥地利物理学家 E. 薛定谔注意到了德布罗意的工作，并于 1926 年初提出了一个波动方程——薛定谔方程，是含波动函数对空间坐标的二阶微商的偏微分方程。薛定谔把原子的离散能级与微分方程在一定的边界条件下的本征值问题联系起来，成功说明了氢

原子、谐振子等的能级和光谱的规律，建立了波动力学。薛定谔认为，不管是粒子、电子还是光子，它们本质上都是波，都可以用波动方程来表达其基本的运动方式。

几乎与此同时，德国物理学家 W. 海森堡与 M. 玻恩和 E. 约尔当建立了矩阵力学。矩阵力学的提出，与玻尔的量子论有很密切的关系，特别是玻尔的对应原理思想对海森堡有重要影响。它继承了量子论中合理的内核（如原子的离散能级和定态、量子跃迁、频率条件等概念），同时又摒弃了一些没有实验根据的传统概念（如粒子轨道运动的概念）。海森堡特别强调，任何物理理论中只应出现可观测的物理量（如光谱线的波长、光谱项、量子数、谱线强度等）。矩阵力学中赋予每一个物理量（如粒子的坐标、动量、能量等）以一个矩阵，它们的代数运算规则与经典物理量不同，两个量的乘积一般不满足交换律。不久薛定谔就发现矩阵力学和波动力学是完全等价的。

1928 年，英国物理学家 P. 狄拉克和 E. 约当提出了一种被称为变换理论的更普遍的形式，完成了矩阵力学和波动力学之间的数学等价证明，对量子力学理论进行了系统的总结，指出矩阵力学和波动力学只不过是量子力学规律的无限多种表述形式中的两种，并将两大理论体系——相对论和量子力学成功地结合起来，揭开了量子场论的序幕。量子理论的发展开始进入量子力学阶段。

量子力学是研究原子、分子以至原子核和基本粒子的结构和性质的基本理论，是现代物理学的基础理论之一。20 世纪前的经典物理学只适于描述一般宏观条件下物质的运动，而对于微观世界（原子和亚原子世界）和一定条件下的某些宏观现象则只有在量子力学的基础上才能说明。另外，物质属性及其微观结构只有在量子力学的基础上才能得以解释。所有涉及物质属性和微观结构的问题，无不以量子力学作为理论基础。量子假设的提出有力地冲击了经典物理学，促进物理学进入微观层面，奠基现代物理学。

三、量子力学基础概念

量子力学的发展革命性地改变了人们对物质的结构及其相互作用的认识。量子力学得以解释许多现象和预言新的、无法直接想象出来的现象，这些现象后来也被非常精确的实验证明。除了通过广义相对论描写的引力外，至今所有其他物理基本相互作用均可以在量子力学的框架内描写（量子场论）。但直到现在，物理学家关于量子力学的一些假设仍然不能被充分地证明，仍有很多需要研究的地方。

量子力学并没有支持自由意志；虽然在微观世界，物质具有概率、波等不确定性，不过依然具有稳定的客观规律，不以人的意志为转移，因而否认宿命论。第一，这种微观尺度上的随机性和通常意义下的宏观尺度之间有着难以逾越的距离；第二，这种随机性是否不可约简难以证明，因为事物是由各自独立演化所组合的多样性整体，偶然性与必然性存在辩证关系。自然界是否真有随机性还是一个悬而未决的问题，对这个问题起决定作用的就是普朗克常数，统计学中的许多随机事件的例子，严格说来实为决定性的。

量子力学基本的数学框架建立于量子态的描述和统计诠释、运动方程、观测物理量之间的对应规则、测量公设、全同粒子公设的基础上。

（一）波粒二象性

波粒二象性（wave-particle duality）指的是所有的粒子或量子不仅可以部分地以粒

子的术语来描述，也可以部分地用波的术语来描述。这意味着经典的有关"粒子"与"波"的概念失去了完全描述量子范围内的物理行为的能力。爱因斯坦这样描述这一现象："好像有时我们必须用一套理论，有时候又必须用另一套理论来描述（这些粒子的行为），有时候又必须两者都用。我们遇到了一类新的困难，这种困难迫使我们要借助两种互相矛盾的观点来描述现实，两种观点单独是无法完全解释光的现象的，但是合在一起便可以。"波粒二象性是微观粒子的基本属性之一。

马克斯·普朗克于 1900 年建立了黑体辐射定律的公式，并于 1901 年发表。其目的是改进由威廉·维恩提出的维恩近似。维恩近似在短波范围内和实验数据相当符合，但在长波范围内偏差较大；而瑞利 – 金斯公式则正好相反。普朗克得到的公式则在全波段范围内都和实验结果符合得相当好。在推导过程中，普朗克考虑将电磁场的能量按照物质中带电振子的不同振动模式分布。得到普朗克公式的前提假设是这些振子的能量只能取某些基本能量单位的整数倍，并且这些基本能量单位只与电磁波的频率有关，和频率成正比。这就是普朗克的能量量子化假说，这一假说的提出比爱因斯坦为解释光电效应而提出的光子概念还要至少早五年。然而普朗克并没有像爱因斯坦那样假设电磁波本身即是具有分立能量的量子化的波束，他认为这种量子化只不过是对于处在封闭区域所形成的腔（也就是构成物质的原子）内的微小振子而言的，用半经典的语言来说就是束缚态必然导出量子化。普朗克没能为这一量子化假设给出更多的物理解释，他只是相信这是一种数学上的推导手段，能够使理论和经验上的实验数据在全波段范围内符合。（不过，最终普朗克的量子化假说和爱因斯坦的光子假说都成为量子力学的基石。）

1905 年，爱因斯坦对光电效应给出了光量子解释。光电效应指的是，照射光束于金属表面会使其发射出电子的效应，发射出的电子称为光电子。为了产生光电效应，光频率必须超过金属物质的特征频率，称为其"极限频率"。举例而言，照射辐照度很微弱的蓝光束于钾金属表面，只要频率大于其极限频率，就能使其发射出光电子，但是无论辐照度多么强烈的红光束，一旦频率小于钾金属的极限频率，就无法促使其发射出光电子。根据光波动说，光波的辐照度或波幅对应于所携带的能量，因而辐照度很强烈的光束一定能提供更多能量将电子逐出。然而，事实与经典理论预期恰巧相反。爱因斯坦将光束描述为一群离散的量子，现称为光子，而不是连续性波动。根据普朗克黑体辐射定律，爱因斯坦推论，组成光束的每一个光子所拥有的能量等于频率乘以一个常数，即普朗克常数；他提出了"爱因斯坦光电效应方程"，其中，Wo 是逃逸电子的最大动能，是逸出功。假若光子的频率大于物质的极限频率，则这光子拥有足够能量来克服逸出功，使得一个电子逃逸，造成光电效应。爱因斯坦的论述解释了为什么光电子的能量只与频率有关，而与辐照度无关。虽然蓝光的辐照度很微弱，只要频率足够高，就会产生一些高能量光子来促使束缚电子逃逸。尽管红光的辐照度很强烈，但由于频率太低，无法给出任何高能量光子来促使束缚电子逃逸。

人们开始意识到光波同时具有波和粒子的双重性质。1916 年，美国物理学者罗伯特·密立根做实验证实了爱因斯坦关于光电效应的理论。从麦克斯韦方程组，无法推导出普朗克与爱因斯坦分别提出的这两个非经典论述。物理学者被迫承认，除了波动性质以外，光也具有粒子性质。

在光具有波粒二象性的启发下，法国物理学家德布罗意在1924年提出"物质波"假说。该假说指出波粒二象性不只是光子才有，一切微观粒子，包括电子、质子、中子，都具有波粒二象性。他把光子的动量与波长的关系式 $p = h/\lambda$ 推广到一切微观粒子上，指出：具有质量 m 和速度 v 的运动粒子也具有波动性，这种波的波长等于普朗克常数 h 跟粒子动量 mv 的比，即 $\lambda = h/(mv)$。这个关系式后来就被叫作德布罗意关系式。根据这一假说，电子也会具有干涉和衍射等波动现象，这被后来的电子衍射实验所证实。

此外，既然光具有波粒二象性，应该也可以用波动概念来分析光电效应，完全不须用到光子的概念。1969年，威利斯·兰姆与马兰·斯考立（Marlan Scully）将之应用在原子内部束缚电子的能级跃迁机制，证明了该论述。

量子力学认为自然界所有的粒子，如光子、电子或原子，都能用一个微分方程——薛定谔方程来描述。这个方程的解即为波函数，它描述了粒子的状态。波函数具有叠加性，即它们能够像波一样互相干涉和衍射。同时，波函数也被解释为描述粒子出现在特定位置的概率幅。这样，粒子性和波动性就统一在同一个函数中。

之所以在日常生活中观察不到物体的波动性，是因为他们的质量太大，导致特征波长比可观察的限度要小很多，可能发生波动性质的尺度在日常生活经验范围之外。这也是为什么经典力学能够令人满意地解释"自然现象"。反之，对于基本粒子来说，它们的质量和尺度决定了它们的行为主要是由量子力学来描述，因而与我们所习惯的图景相差甚远。

2015年，瑞士洛桑联邦理工学院科学家成功拍摄出光同时表现波粒二象性的照片（图1.1）。

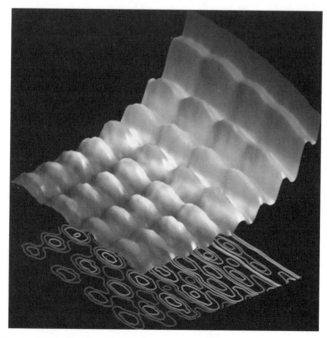

图1.1 有史以来第一张光既像波同时又像粒子流的照片（见彩图）

（二）不确定性原理

不确定性原理（uncertainty principle）是由德国物理学家海森堡于 1927 年提出，这个理论是说，你不可能同时知道一个粒子的位置和它的速度，粒子位置的不确定性，必然大于或等于普朗克常数（Planck constant）除以 $4\pi\left[\Delta x\Delta p_x\geqslant h/(4\pi)\right]$。不确定性原理，也常常被称为"测不准原理"。

海森堡提出的不确定性原理是量子力学的产物。这项原理表明，精确确定一个粒子（例如原子周围的电子）的位置和动量是有限制的。这个不确定性来自两个因素：首先测量某东西的行为将会不可避免地扰乱那个事物，从而改变它的状态；其次，因为量子世界不是具体的，而是基于概率的，所以精确确定一个粒子的状态存在更深刻、更根本的限制。

海森堡不确定性原理是通过一些实验来论证的。设想用一个 γ 射线显微镜来观察一个电子的坐标，因为 γ 射线显微镜的分辨本领受到波长 λ 的限制，所用光的波长 λ 越短，显微镜的分辨率越高，从而测定电子坐标不确定的程度 Δx 就越小，所以 $\Delta x\propto\lambda$。但另一方面，光照射到电子，可以看成是光量子和电子的碰撞，波长 λ 越短，光量子的动量就越大，所以有 $\Delta p_x\propto\dfrac{1}{\lambda}$。

再比如，用将光照到一个粒子上的方式来测量一个粒子的位置和速度，一部分光波被此粒子散射开来，由此指明其位置。但人们不可能将粒子的位置确定到比光的两个波峰之间的距离更小的程度，所以为了精确测定粒子的位置，必须用短波长的光。但普朗克的量子假设使人们不能用任意小量的光，而是至少要用一个光量子。但是光量子会扰动粒子，并以一种不能预见的方式改变粒子的速度。

所以，简单来说就是，如果要想测定一个粒子的精确位置的话，那么就需要用波长尽量短的波，但这样的话，对这个粒子的扰动也会越大，对它的速度的测量也会越不精确；如果想要精确测量一个粒子的速度，就要用波长较长的波，那就不能精确测定它的位置。

于是，经过一番推理计算，海森堡得出：$\Delta x\Delta p_x\geqslant\hbar/2\left[\hbar=h/(2\pi)\right]$。海森堡写道："在位置被测定的一瞬，即当光子正被电子偏转时，电子的动量发生一个不连续的变化，因此，在确知电子位置的瞬间，关于它的动量我们就只能知道相应于其不连续变化的大小的程度。于是，位置测定得越准确，动量的测定就越不准确，反之亦然。"

海森堡还通过对确定原子磁矩的斯特恩－盖拉赫实验的分析证明，原子穿过偏转所费的时间 ΔT 越长，能量测量中的不确定性 ΔE 就越小。再加上德布罗意关系 $\lambda=h/p$，海森堡得到 $\Delta E\Delta T\geqslant h/(4\pi)$，并且作出结论："能量的准确测定如何，只有靠相应的对时间的测不准量才能得到。"

（三）状态函数

在量子力学中，一个物理体系的状态由状态函数表示，状态函数的任意线性叠加仍然代表体系的一种可能状态。状态随时间的变化遵循一个线性微分方程，该方程预言体系的行为，物理量由满足一定条件的、代表某种运算的算符表示；测量处于某一状态的物理体系的某一物理量的操作，对应于代表该量的算符对其状态函数的作用；测量的可能取值由该算符的本征方程决定，测量的期望值由一个包含该算符的积分方程计算。（一般而言，量子力学并不对一次观测确定地预言一个单独的结果。取而代之，它预言一组可能发生的不同结果，并告诉我们每个结果出现的概率。也就是说，如果我们对大量类似的系统做同样的测量，每一个系统以同样的方式起始，我们将会得到测量的结果为 A 出现的次数，为 B 出现的另一不同的次数等等。人们可以预言结果为 A 或 B 的出现的次数的近似值，但不能对个别测量的特定结果做出预言。）状态函数的模平方代表作为其变量的物理量出现的概率。根据这些基本原理并附以其他必要的假设，量子力学可以解释原子和亚原子的各种现象。并且，经典物理量的量子化问题也可以归结为薛定谔波动方程的求解问题。

（四）体系状态

在量子力学中，体系的状态有两种变化，一种是体系的状态按运动方程演进，这是可逆的变化；另一种是测量改变体系状态的不可逆变化。因此，量子力学对决定状态的物理量不能给出确定的预言，只能给出物理量取值的概率。在这个意义上，经典物理学因果律在微观领域失效了。

据此，一些物理学家和哲学家断言量子力学摈弃因果性，而另一些物理学家和哲学家则认为量子力学因果律反映的是一种新型的因果性——概率因果性。量子力学中代表量子态的波函数是在整个空间定义的，态的任何变化是同时在整个空间实现的。

（五）微观体系

20 世纪 70 年代以来，关于远隔粒子关联的实验表明，类空分离的事件存在着量子力学预言的关联。这种关联是同狭义相对论关于客体之间只能以不大于光速的速度传递物理相互作用的观点相矛盾的。于是，有些物理学家和哲学家为了解释这种关联的存在，提出在量子世界存在着一种全局因果性或整体因果性，这种不同于建立在狭义相对论基础上的局域因果性，可以从整体上同时决定相关体系的行为。

量子力学用量子态的概念表征微观体系状态，深化了人们对物理实在的理解。微观体系的性质总是在它们与其他体系，特别是观察仪器的相互作用中表现出来。

人们对观察结果用经典物理学语言描述时，发现微观体系在不同的条件下，或主要表现为波动图像，或主要表现为粒子行为。而量子态的概念所表达的，则是微观体系与仪器相互作用而产生的表现为波或粒子的可能性。

（六）泡利不相容原理

泡利不相容原理（Pauli exclusion principle），又称泡利原理、不相容原理，是微观粒子运动的基本规律之一，是自旋为半整数的粒子（费米子）所遵从的一条原理。它是在 1925 年由沃尔夫冈·泡利为说明化学元素周期律而提出来的。最初，泡利在总结原子构造时提出，一个原子中没有任何两个电子可以拥有完全相同的量子态。他指出，在费米子组成的系统中，不能有两个或两个以上的粒子处于完全相同的状态。在原子中完全确定一个电子的状态需要四个量子数。

（1）主量子数（principal quantum number）。符号"n"。主量子数决定不同的电子层数，命名为 K、L、M、N、O、P、Q。

（2）角量子数（angular quantum number）。角量子数决定不同的能级。符号"l"，共 n 个值（0，1，2，3，…，$n-1$），对应亚层符号 s、p、d、f、g。对多电子原子来说，电子的运动状态与 l 有关。

（3）磁量子数（magnetic quantum number）。磁量子数决定不同能级的轨道，符号"m"，仅在外加磁场时有用。"n""l""m"三个量确定一个原子的运动状态。

（4）自旋磁量子数（spin magnetic quantum number）。处于同一轨道的电子有两种自旋，即"↑""↓"。

所以，泡利不相容原理在原子中就表现为：不能有两个或两个以上的电子具有完全相同的四个量子数，或者说在量子数 m、l、n 确定的一个原子轨道上最多可容纳两个电子，而这两个电子的自旋方向必须相反。这成为电子在核外排布形成周期性从而解释元素周期表的准则之一，根据泡利原理，可很好地说明化学元素的周期律。

电子的自旋为 $1/2$，因此核外电子排布遵循泡利不相容原理、能量最低原理和洪特规则。能量最低原理就是在不违背泡利不相容原理的前提下，核外电子总是尽量先占有能量最低的轨道，只有当能量最低的轨道占满后，电子才依次进入能量较高的轨道，也就是尽可能使体系能量最低。洪特规则是在等价轨道（相同电子层、电子亚层上的各个轨道）上排布的电子将尽可能分占不同的轨道，且自旋方向相同。后来证明，电子这样排布可使能量最低，所以洪特规则可以包括在能量最低原理中，作为能量最低原理的一个补充。

泡利不相容原理是全体费米子遵从的一条重要原则，在所有含有电子的系统中，在分子的化学价键理论中，在固态金属、半导体和绝缘体的理论中都起着重要作用。后来知道，泡利不相容原理也适用于其他如质子、中子等费米子。泡利不相容原理是认识许多自然现象的基础。

（七）自旋

自旋，即由粒子内禀角动量引起的内禀运动。在量子力学中，自旋（spin）是粒子所具有的内禀性质，其运算规则类似于经典力学的角动量，并因此产生一个磁场。虽然有时会与经典力学中的自转（例如行星公转时同时进行的自转）相类比，但实际上本质是迥异的。

自旋角动量是系统的一个可观测量，它在空间中的三个分量和轨道角动量一样满足相同的对易关系。每个粒子都具有特有的自旋。粒子自旋角动量遵从角动量的普遍规律。

1925 年，Ralph Kronig、George Uhlenbeck 与 Samuel Goudsmit 三人首先对基本粒子提出自转与相应角动量概念。然而，其后在量子力学中，透过理论以及实验验证发现，基本粒子可视作不可分割的点粒子，因此物体自转无法直接套用到自旋角动量上来，而仅能将自旋视为一种内在性质，是粒子与生俱来带有的一种角动量，并且其量值是量子化的，无法被改变（但自旋角动量的指向可以透过操作来改变）。

粒子的自旋对其在统计力学中的性质具有深刻的影响。具有半整数自旋的粒子遵循费米－狄拉克统计，称为费米子，它们必须占据反对称的量子态；这种性质要求费米子不能占据相同的量子态，这被称为泡利不相容原理。另一方面，具有整数自旋的粒子遵循玻色－爱因斯坦统计，称为玻色子，这些粒子可以占据对称的量子态，因此可以占据相同的量子态。对此的证明称为自旋统计理论，依据的是量子力学以及狭义相对论。事实上，自旋与统计的联系是狭义相对论的一个重要结论。

由于从原则上，无法彻底确定一个量子物理系统的状态，因此在量子力学中，内在特性（比如质量、电荷等）完全相同的粒子之间的区分，失去了其意义。在经典力学中，每个粒子的位置和动量，全部是完全可知的，它们的轨迹可以被预言，通过一个测量，可以确定每一个粒子。在量子力学中，每个粒子的位置和动量是由波函数表达，因此，当几个粒子的波函数互相重叠时，给每个粒子"挂上一个标签"的做法失去了其意义。

这个全同粒子（identical particles）的不可区分性，对状态的对称性，以及多粒子系统的统计力学，有深远的影响。比如说，一个由全同粒子组成的多粒子系统的状态，在交换两个粒子粒子"1"和粒子"2"时，我们可以证明，不是对称的就是反对称的。对称状态的粒子被称为玻色子，反对称状态的粒子被称为费米子。此外，自旋的对换也形成对称：自旋为半数的粒子（如电子、质子和中子）是反对称的，因此是费米子；自旋为整数的粒子（如光子）是对称的，因此是玻色子。

这个深奥的粒子的自旋、对称和统计学之间的关系，只有通过相对论量子场论才能导出，它也影响到了非相对论量子力学中的现象。费米子的反对称性的一个结果是泡利不相容原理，即两个费米子无法占据同一状态，这个原理拥有极大的实用意义。它表示在我们的由原子组成的物质世界里，电子无法同时占据同一状态，因此在最低状态被占据后，下一个电子必须占据次低的状态，直到所有的状态均被满足为止。这个现象决定了物质的物理和化学特性。

复合粒子的自旋是其内部各组成部分之间相对轨道角动量和各组成部分自旋的向量和，即按量子力学中角动量相加法则求和。已发现的粒子中，自旋为整数的，最大自旋为 4；自旋为半整数的，最大自旋为 3/2。

自旋是微观粒子的一种性质。自旋为 0 的粒子从各个方向看都一样，就像一个点。自旋为 1 的粒子在旋转 360° 后看起来一样。自旋为 2 的粒子旋转 180° 后看起来一样，自旋为 1/2 的粒子必须旋转 720°（2 圈），才会一样。自旋为 1/2 的粒子组成宇宙的一切，而自旋为 0、1、2 的粒子产生物质体之间的力。自旋为半整数的费米子都服从泡利不相容原理，而玻色子都不遵从泡利原理。

自旋的发现，首先出现在碱金属元素的发射光谱课题中。1924 年，沃尔夫冈·泡利首先引入"双值量子自由度"（two-valued quantum degree of freedom）的概念，它与最外壳层的电子有关。这使他可以形式化地表述泡利不相容原理，即没有两个电子可以在同一时间共享相同的量子态。

泡利的"自由度"的物理解释最初是未知的。Ralph Kronig，Alfred Landé 的一位助手，于 1925 年初提出，它是由电子的自转产生的。当泡利听到这个想法时，他予以了严厉的批驳。他指出，为了产生足够的角动量，电子的假想表面必须以超过光速运动，这将违反相对论。很大程度上，由于泡利的批评，Kronig 决定不发表他的想法。当年秋天，两个年轻的荷兰物理学家 George Uhlenbeck 和 Samuel Goudsmit 产生了同样的想法。在保罗·埃伦费斯特的建议下，他们以一个小篇幅发表了他们的结果。他们的结果得到了正面的反应，特别是在 Llewellyn Thomas 消除了实验结果与 Uhlenbeck 和 Goudsmit 的（以及 Kronig 未发表的）计算之间的两个矛盾的系数之后。这个矛盾是由于电子指向的切向结构必须纳入计算，附加到它的位置上；以数学语言来说，需要一个切向丛描述。切向丛效应是相加性的和相对论性的（比如在 c 趋近于无限时它消失了）；在没有考虑切向空间朝向时，其值只有一半，而且符号相反。因此，这个复合效应使得理论值与实验值相差系数 2（Thomas precession）。

尽管最初反对这个想法，泡利还是在 1927 年运用埃尔文·薛定谔和沃纳·海森堡发现的现代量子力学理论形式化了自旋理论。他开拓性地使用泡利矩阵作为一个自旋算子的群表述，并且引入了一个二元旋量波函数。

泡利的自旋理论是非相对论性的。然而，在 1928 年，保罗·狄拉克发表了狄拉克方程式，描述了相对论性的电子。在狄拉克方程式中，一个四元旋量——所谓的"狄拉克旋量"被用于电子波函数。在 1940 年，泡利证明了"自旋统计定理"，它表述了费米子具有半整数自旋，玻色子具有整数自旋。

对于像光子、电子、各种夸克这样的基本粒子，理论和实验研究都已经发现它们所具有的自旋无法解释为它们所包含的更小单元围绕质心的自转。由于这些不可再分的基本粒子可以认为是真正的点粒子，因此自旋与质量、电量一样，是基本粒子的内禀性质。

在量子力学中，任何体系的角动量都是量子化的，其值只能为：

$$S = \hbar \sqrt{s\ (s+1)},$$

其中 $\hbar = h/(2\pi)$，是约化普朗克常数，s 称为自旋量子数，自旋量子数是整数或者半整数（0，1/2，1，3/2，2，…）。自旋量子数可以取半整数的值，这是自旋量子数与轨道量子数的主要区别，后者的量子数取值只能为整数。自旋量子数的取值只依赖于粒子的种类，无法用现有的手段去改变其取值。例如，所有电子的 $s = 1/2$。自旋为 1/2 的基本粒子还包括正电子、中微子和夸克，光子是自旋为 1 的粒子，理论假设的引力子是自旋为 2 的粒子，已经发现的希格斯玻色子在基本粒子中比较特殊，它的自旋为 0。

对于像质子、中子及原子核这样的亚原子粒子，自旋通常是指总的角动量，即亚原子粒子的自旋角动量和轨道角动量的总和。亚原子粒子的自旋与其他角动量都遵循同样的量子化条件。通常认为，亚原子粒子与基本粒子一样具有确定的自旋，例如，质子是自旋为 1/2 的粒子，可以理解为这是该亚原子粒子能量最低的自旋态，该自旋态由亚原子粒子内部自旋角动量和轨道角动量的结构决定。利用第一性原理推导出亚原子粒子的自旋是比较困难的，例如，尽管我们知道质子是自旋为 1/2 的粒子，但是原子核自旋结构的问题仍然是一个活跃的研究领域。

原子和分子的自旋是原子或分子中未成对电子自旋之和，未成对电子的自旋导致原

子和分子具有顺磁性。

（八）费米气体

费米气体是借用理想气体模型描述费米子系统性质的量子力学模型。在物理学中，费米气体，又称为自由电子气体（free electron gas）、费米原子气体（fermionic atom gas），是一个量子统计力学中的理想模型，指的是一群不相互作用的费米子。

该模型中，粒子所处的量子态可用它们具有的动量来表征。对于周期性系统，譬如在金属原子点阵中运动的电子，亦可类似地引入"准动量"的概念以表征量子态。无论上述哪种模型，其具有费米能的量子态都处于动量空间中的一个确定的曲面上，这个曲面称为费米面。费米气体的费米面是一个球面，周期体系中的费米面则通常是扭曲面。费米面包围的体积决定了系统中的电子数，而费米面的拓扑结构则与金属的各种传导性质（如电导率）直接相关。对费米面的研究有时被称为"费米学"（Fermiology）。如今，绝大多数金属的费米面均已经有较透彻的理论与实验研究。

在金属内的电子、在半导体内的电子或在中子星里的中子，都可以被视为近似于费米气体。在一个处于热力平衡的费米气体里，费米子的能量分布，是由它们的密度、温度与容许能量的量子态集合依照费米－狄拉克分布方程而决定的。泡利不相容原理阐明，不容许被两个或两个以上的费米子占用同一个量子态。因此，在绝对零度，费米气体的总能量大于费米子数量与单独粒子基态能量的乘积。并且，在绝对零度，费米气体的压力，称为"简并压力"，不等于零。这与经典理想气体的现象有很明显的不同。

在宇宙中，费米气体也起着重要的作用。大部分恒星如太阳，在燃烧殆尽后，由于中心不再有核爆炸，它会被万有引力压缩，最终变成一颗白矮星。支撑白矮星的就是里面的费米气体的电子简并压力。电子简并压力使得白矮星能够抵抗万有引力的压缩，因而得到稳定平衡，不致向内崩塌。

同白矮星一样，中子星也是处于演化后期的恒星，也是在老年恒星的中心形成的。只不过能够形成中子星的恒星，其质量更大罢了。中子星是除黑洞外密度最大的星体，它是恒星演化到末期，经由重力崩溃发生超新星爆炸之后，可能成为的少数终点之一；它是质量没有达到可以形成黑洞的恒星在寿命终结时塌缩形成的一种介于白矮星和黑洞之间的星体，其密度比地球上任何物质的密度大相当多倍。根据科学家的计算，当老年恒星的质量为太阳质量的 8～30 倍时，它就有可能最后变为一颗中子星，而质量小于 8 个太阳的恒星往往只能变为一颗白矮星。但是，中子星与白矮星的区别，除了生成它们的恒星质量不同外，它们的物质存在状态也是完全不同的。简单地说，白矮星的密度虽然大，但还在正常物质结构能达到的最大密度范围内：电子还是电子，原子核还是原子核，原子结构完整。而在中子星里，压力是如此之大，白矮星中的电子简并压力再也承受不起了：电子被压缩到原子核中，同质子中和为中子，使原子变得仅由中子组成。中子星里面几乎是纯中子的超密物质，每立方厘米有 1 亿吨！是中子简并压力支撑住了中子星，阻止它进一步压缩。

（九）玻尔理论

丹麦物理学家尼·玻尔是量子力学的杰出贡献者。玻尔提出了电子轨道量子化的概念。玻尔认为，原子核具有一定的能级；当原子吸收能量时，原子就跃迁到更高能级或激发态；当原子放出能量时，原子就跃迁至更低能级或基态；原子能级是否发生跃迁，关键在两能级之间的差值。根据这种理论，可从理论上计算出里德伯常量，与实验符合得相当好。

可玻尔理论也具有局限性，对于较大原子，计算结果误差就很大。玻尔还是保留了宏观世界中轨道的概念，其实电子在空间出现的坐标具有不确定性，电子聚集得多，就说明电子在这里出现的概率较大，反之，概率较小。很多电子聚集在一起，可以形象地称为电子云。

把核外电子出现概率相等的地方连接起来，作为电子云的界面，使界面内电子云出现的总概率很大（例如90%或95%），在界面外的概率很小，由这个界面所包括的空间范围，叫做原子轨道，这里的原子轨道与宏观的轨道具有不同的含义。

原子轨道是一个描述了电子在核内的概率分布的数学方程。在实际中，只有一组离散的（或量子化的）轨道存在，其他可能的形式会很快的坍塌成一个更稳定的形式。这些轨道可以有一个或多个的环或节点，并且它们的大小、形状和空间方向都有不同。

每一个原子轨道都对应一个电子的能级。电子可以通过吸收一个带有足够能量的光子而跃迁到一个更高的能级。同样的，通过自发辐射，在高能级态的电子也可以跃迁回一个低能级态，释放出光子。这些典型的能量，也就是不同量子态之间的能量差，可以用来解释原子谱线。

（十）能级

19世纪末20世纪初，人类开始走进微观世界，物理学家提出了许多关于原子结构的模型，这里就包括卢瑟福根据实验现象提出的核式模型。电子受原子核吸引，只能绕着原子核在一个圆形的轨道上转动。在一个给定的半径上，电子只能有一个固定的速度。核式模型能很好地解释实验现象，因而得到许多人的支持，但是该模型与经典的电磁理论有着深刻的矛盾。

按经典电磁理论，电子绕核转动具有加速度，加速运动着的电荷（电子）要向周围空间辐射电磁波，电磁波频率等于电子绕核旋转的频率。随着不断地向外辐射能量，原子系统的能量逐渐减少，电子运动的轨道半径也越来越小，绕核旋转的频率连续增大，电子辐射的电磁波频率也在连续地变化，因而所呈现的光谱应为连续光谱。

由于电子绕核运动时不断向外辐射电磁波，电子能量不断减少，电子将沿螺旋形轨迹逐渐接近原子核，最后落于核上，这样，原子应是一个不稳定系统。

而实验事实证明，原子具有高度的稳定性，即使受到外界干扰，也很不易改变原子的属性；且氢原子所发出的光谱为线状光谱，与经典电磁理论得出的结论完全不同。

能层（energy level）理论是一种解释原子核外电子运动轨道的理论。它认为电子只能在特定的、分立的轨道上运动，各个轨道上的电子具有分立的能量，这些能量值即为能级。电子可以在不同的轨道间发生跃迁，电子吸收能量可以从低能级跃迁到高能级或者从高能级跃迁到低能级从而辐射出光子。氢原子的能级可以由它的光谱显示出来。

在正常状态下，原子处于最低能级，电子在离核最近的轨道上运动的定态称为基态。原子吸收能量后从基态跃迁到较高能级，电子在离核较远的轨道上运动的定态称为激发态。一个氢原子处于量子数为 n 的激发态时，可能辐射出的光谱线条数为：$N = n - 1$。一群氢原子处于量子数为 n 的激发态时，可能辐射出的光谱线条数为：$N = n(n-1)/2$。辐射出的光的频率 ν 由 $h_\nu = E_初 - E_终$ 决定，其中 h 为普朗克常数。

玻尔于 1913 年提出了自己的原子结构假说，认为电子同时还是一列波，速度决定了动量，动量决定了波长。一个圆形轨道的总长度，必须是波长的整数倍，否则这个波就会断掉。也就是说，电子的波是一个环形的驻波。因此，围绕原子核运动的电子轨道半径只能取某些分立的数值，这种现象叫轨道的量子化。不同的轨道对应着不同的状态，在这些状态中，尽管电子在做高速运动，但不向外辐射能量，因而这些状态是稳定的。原子在不同的状态下有着不同的能量，所以原子的能量也是量子化的。

事实上，电子的波函数不是固定在一个半径上的，而是从内到外都有分布。即使电子波函数理论上已经被薛定谔方程解决，但是要真正观测到这个波函数仍然是非常困难的事情。在波尔提出原子结构假说的 100 年后，2013 年，氢原子的波函数才被麦克斯·波恩研究院的物理学家们通过一个特制的静电显微镜，并基于最新的激光技术首次测量到。

（十一） 光谱

光谱是复色光经过色散系统（如棱镜、光栅）分光后，被色散开的单色光按波长（或频率）大小而依次排列的图案，全称为光学频谱。可见光谱是电磁波谱中人眼可见的那一部分，在这个波长范围内的电磁辐射被称作可见光。光谱并没有包含人类大脑视觉所能区别的所有颜色，譬如褐色和粉红色。在一些可见光谱的红端之外，存在着波长更长的红外线；同样，在紫端之外，存在有波长更短的紫外线。红外线和紫外线都不能为肉眼所觉察，但可通过仪器加以记录。因此，除可见光谱外，光谱还包括红外光谱与紫外光谱。

复色光中有各种波长（或频率）的光，这些光在介质中有不同的折射率。因此，当复色光通过具有一定几何外形的介质（如三棱镜）之后，波长不同的光线会因出射角的不同而发生色散现象，投映出连续的或不连续的彩色光带。这个原理亦被应用于著名的太阳光的色散实验。太阳光呈现白色，当它通过三棱镜折射后，将形成由红、橙、黄、绿、蓝、靛、紫顺次连续分布的彩色光谱，覆盖在 390～770 nm 的可见光区。历史上，这一实验由英国科学家艾萨克·牛顿爵士于 1665 年完成，使得人们第一次接触到了光的客观的和定量的特征。

光波是由原子运动过程中的电子产生的电磁辐射。各种物质的原子内部电子的运动情况不同，所以它们发射的光波也不同。研究不同物质的发光和吸收光的情况，有重要的理论和实际意义，如今已发展成为一门专门的学科——光谱学。分子的红外吸收光谱一般是研究分子的振动光谱与转动光谱的，其中分子振动光谱一直是主要的研究课题。

　　光谱按产生的方式来划分，可分为发射光谱、吸收光谱和散射光谱。

　　有的物体能自行发光，由它直接产生的光形成的光谱叫做发射光谱。发射光谱可分为三种不同类别的光谱：线状光谱、带状光谱和连续光谱。线状光谱主要产生于原子，由一些不连续的亮线组成；带状光谱主要产生于分子，由一些密集的某个波长范围内的光组成；连续光谱则主要产生于白炽的固体、液体或高压气体，由连续分布的一切波长的光组成。

　　在白光通过气体时，气体将从通过它的白光中吸收与其特征谱线波长相同的光，使白光形成的连续谱中出现暗线。此时，这种在连续光谱中某些波长的光被物质吸收后产生的光谱被称作吸收光谱。通常情况下，在吸收光谱中看到的特征谱线会少于线状光谱。

　　当光照射到物质上时，会发生非弹性散射。在散射光中除有与激发光波长相同的弹性成分（瑞利散射）外，还有比激发光波长长的和短的成分，后一现象统称为拉曼效应。这种现象于 1928 年由印度科学家拉曼所发现，因此，这种产生新波长的光的散射被称为拉曼散射，所产生的光谱被称为拉曼光谱或拉曼散射光谱。

　　光谱按产生的本质来划分，可分为分子光谱与原子光谱。

　　在分子中，电子态的能量比振动态的能量大 $50 \sim 100$ 倍，而振动态的能量又比转动态的能量大 $50 \sim 100$ 倍。因此，在分子的电子态之间的跃迁中，总是伴随着振动跃迁和转动跃迁的，因而许多光谱线就密集在一起而形成分子光谱。因此，分子光谱又叫作带状光谱。

　　在原子中，当原子以某种方式从基态提升到较高的能态时（如一束连续光谱的光线照射过来，其中某个固定频率的光子被原子吸收时），原子内部的能量增加了，原子中的部分电子提升到激发态，然而激发态都不能维持，在经历很短的一段随机的时间后，被激发的原子就会回到原来能量较低的状态。在原子中，被激发的电子在回到能量较低的轨道时释放出一个固定频率和波长的光子，也就是说这些能量将被以光的形式发射出来，于是产生了原子的发射光谱，即原子光谱。因为这种原子能态的变化是非连续量子性的，所产生的光谱也由一些不连续的亮线所组成，所以原子光谱又被称作线状光谱。

　　每一种原子、分子的能级都不相同，原子的谱线就是它的"指纹"。太阳光通过光学仪器分析，能发现有几千条吸收线，包括氢原子、氧原子、铁原子等，这些原子都是太阳外大气层中的。利用光谱可以探测太阳外围有哪些原子（图 1.2）。

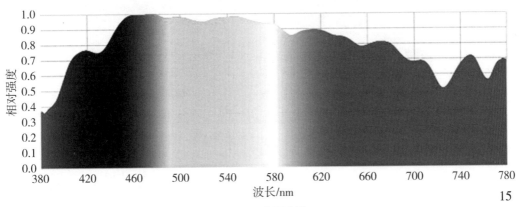

图 1.2　太阳光谱

人类一直想了解天体的物理、化学性状，这种愿望在光谱分析应用于天文后才成为可能，并由此带来了天体物理学的诞生和发展。通过光谱分析可以确定天体的化学组成、确定恒星的温度、确定恒星的压力、测定恒星的磁场、确定天体的视向速度和自转等等。

20 世纪初，光谱研究发现，几乎所有的星系都有红移现象。所谓红移，是指观测到的谱线的波长比相应的实验室测知的谱线的波长要长，而在光谱中红光的波长较长，因而把谱线向波长较长的方向移动的现象叫做光谱的红移。1929 年，哈勃用 2.5 m 大型望远镜观测到更多的河外星系，同时发现星系距我们越远，其谱线红移量越大。哈勃指出，天体红移与距离有关：$Z = H \cdot d/c$。这就是著名的哈勃定律。式中 Z 为红移量、c 为光速、d 为距离、H 为哈勃常数［其值为 $50 \sim 80$ km/(s·Mpc)］。根据这个定律，只要测出河外星系谱线的红移量 Z，便可算出星系与观察者的距离 d。用谱线红移法可以测定远达百亿光年计的距离。

郭守敬望远镜（图 1.3）是以郭守敬命名的一台天文望远镜，简称"LAMOST"，全称是大天区面积多目标光纤光谱天文望远镜，2008 年落成，位于河北省兴隆县一座海拔 960 m 的山峰上。郭守敬望远镜能够最多在一次曝光中同时获取 4000 个天体的光谱，是世界上光谱获取效率最高的望远镜。2018 年 8 月，以中国科学院国家天文台为首的科研团队依托郭守敬望远镜发现了一颗奇特天体，它的锂元素含量约为同类天体的3000 倍，是人类已知锂元素含量最高的恒星。2021 年 5 月，中国科学院国家天文台研究团队在郭守敬望远镜光谱数据中筛选出 209 颗 O 型星，其中 135 颗是最新发现的。这是迄今为止利用单一光谱数据库，一次性新发现银河系 O 型星数量最多的研究工作。在这之前，最大的具有光谱信息的银河系 O 型星星表，仅有 590 颗 O 型星。

图 1.3 郭守敬望远镜

（十二）量子谐振子

振动是粒子运动的一种形式，谐振[①]子（harmonic oscillator）是最简单的理想振动模型（图 1.4）。在量子力学里，量子谐振子（quantum harmonic oscillator）是经典谐振子的延伸。其为量子力学中数个重要的模型系统中的一个，因为一任意势在稳定平衡位置附近都可以用谐振子势来近似。此外，其也是少数几个存在简单解析解的量子系统。量子谐振子可用来近似描述分子振动。

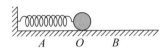

图 1.4 谐振子示例 —— 弹簧上的小球

1．一维谐振子

在一维谐振子问题中，设一个质量为 m 的粒子的位势[②]为 $V(x) = m\omega^2 x^2$，此粒子的哈密顿算符[③]为

$$\hat{H} = \frac{\hat{p}^2}{2m} + \frac{1}{2}m\omega^2 x^2,$$

其中 x 为位置算符，而 $\hat{p}$ 为动量算符 $\left(\hat{p} = -i\hbar\dfrac{\mathrm{d}}{\mathrm{d}x}\right)$。第一项代表粒子动能，而第二项代表粒子处在其中的势能。为了找到能级与相对应的能量本征态，须解"定态薛定谔方程"：$H|\psi\rangle = E|\psi\rangle$。

在坐标基底下可以用幂级数方法解这个微分方程，可以见到有一族解：

$$\langle x|\psi_n\rangle = \sqrt{\frac{1}{2^n n!}} \cdot \left(\frac{m\omega}{\pi\hbar}\right)^{1/4} \cdot \exp\left(-\frac{m\omega x^2}{2\hbar}\right) \cdot H_n\left(\sqrt{\frac{m\omega}{\hbar}}x\right), \quad n = 0, 1, 2, \cdots$$

（图 1.5）。

函数 H_n 为厄米特多项式：

$$H_n(x) = (-1)^n e^{x^2} \frac{\mathrm{d}^n}{\mathrm{d}x^n} e^{-x^2}。$$

相应的能级为

$$E_n = \hbar\omega\left(n + \frac{1}{2}\right)。$$

---

① 谐振，在运动学中就是简谐振动，指物体在一个位置附近往复偏离该振动中心位置（叫平衡位置）进行运动，在这个振动形式下，物体受力的大小总是和它偏离平衡位置的距离成正比，并且受力方向总是指向平衡位置。

② 位势，又称重力势、重力位，指空气块在地球重力场下所具有的势能，在数值上等于单位质量空气从海平面高度上升到高度 Z 所做功。

③ 量子力学中，哈密顿算符 $\hat{H}$ 为一个可观测量，对应于系统的总能量。哈密顿算符的谱，为测量系统总能时所有可能结果的集合。

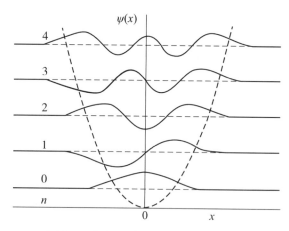

图 1.5　谐振子前 5 项能级波函数示意

由结果可看出，以上能量被"量子化"，只有离散的值——即$\hbar\omega$ 乘以 1/2、3/2、5/2 等等。这是许多量子力学系统的特征。再者，可有的最低能量（当 $n = 0$ 时）不为零，而是$\hbar\omega/2$，被称为"基态能量"或"零点能量"。在基态，根据量子力学，一振子执行所谓的"零振动"且其平均动能是正值。最后，谐振子的能级是等距的。综上所述，一维谐振子能量的两个重要属性得到了展现：能量离散化和最低能量非零。

注意到基态的概率密度集中在原点。这表示粒子多数时间处在势阱的底部，合乎对于一几乎不带能量之状态的预期。换句话说，水往低处流的规律，在微观世界中同样适用：粒子常常会处在最低的能级上。当能量增加时，概率密度变成集中在"经典转向点"（classical turning points），其中激发态能量等同于势能。这样的结果与经典谐振子相一致：经典的描述下，粒子多数时间处在（而更有机会被发现在）转向点，因为在此处粒子速度最慢。因此，满足对应原理。

2. N 维谐振子

一维谐振子可以很容易地推广到 N 维。在一维中，粒子的位置是由单一坐标 x 来指定的。在 N 维中，这由 N 个位置坐标所取代，以 $x_1, x_2, \cdots, x_N$ 标示。对应每个位置坐标有一个动量，标示为 $p_1, \cdots, p_N$。这些算符之间的正则对易关系为

$$[x_i, p_j] = \mathrm{i}\,\hbar\delta_{i,j}$$
$$[x_i, x_j] = 0$$
$$[p_i, p_j] = 0$$

系统的哈密顿算符为

$$\hat{H} = \sum_{i=1}^{N} \left(\frac{p_i^2}{2m} + \frac{1}{2}m\omega^2 x_i^2 \right).$$

从这个哈密顿算符的形式可以看出，N 维谐振子明确地可比拟为 N 个质量相同、弹性常数相同、独立的一维谐振子。

如同一维案例，N 维谐振子能量也是量子化的。N 维基态能量是一维基态能量的 N 倍。只有一点不同，在一维案例里，每一个能级对应于一个单独的量子态。在 N 维案例

里，除了基态能级以外，每一个能级都是简并[①]的，都对应于多个量子态。

3. 耦合谐振子

设想 N 个相同质量的质点，以弹簧连接为一条一维的线形链条，标记每一个质点离开其平衡位置的位置为 $x_1, x_2, \cdots, x_N$（也就是说，假若一个质点 k 位于其平衡位置，则 $x_k = 0$）。整个系统的哈密顿算符是

$$\hat{H} = \sum_{i=1}^{N} \frac{p_i^2}{2m} + \frac{1}{2}m\omega^2 \sum_{1 \leqslant i \leqslant N} (x_i - x_{i-1})^2,$$

其中，$x_0 = 0$。

很奇妙地，这个问题可以用坐标变换转换成一组独立的谐振子，每一个独立的谐振子对应于一个独特的晶格集体波震动[②]。这些波震动表现出类似粒子般的性质，称为声子。许多固体的离子晶格都会产生声子。在固体物理学里，这方面的理论对于许多现象的研究与了解是非常重要的。

（十三）激光

不管你往什么地方看，到处都有激光的痕迹。激光束能准确地进行外科手术，就像小小的粒子加速器一样干净利落地工作；它们还能在实验室再生太阳表面的白热状态。激光是 20 世纪以来继核能、电脑、半导体之后，人类的又一重大发明，被称为"最快的刀""最准的尺""最亮的光"。英文名 light amplification by stimulated emission of radiation（LASER），意思是"通过受激辐射的光放大"。激光的英文全名已经完全表达了制造激光的主要过程。激光的原理早在 1916 年已被著名的物理学家爱因斯坦发现。

原子受激辐射的光，故名"激光"：原子中的电子吸收能量后从低能级跃迁到高能级，再从高能级回落到低能级的时候，能量以光子的形式释放。被引诱（激发）出来的光子束（激光）具有高度一致的光学特性。因此，激光相比普通光源，单色性、方向性好，亮度更高。

光与物质的相互作用，实质上是组成物质的微观粒子吸收或辐射光子，同时改变自身运动状况的表现。

微观粒子都具有特定的一套能级（通常这些能级是分立的），任一时刻粒子只能处在与某一能级相对应的状态（或者简单地表述为处在某一个能级上）。与光子相互作用时，粒子从一个能级跃迁到另一个能级，并相应地吸收或辐射光子。光子的能量值为此两能级的能量差 ΔE，频率为 $\nu = \Delta E / h$（h 为普朗克常数）。

---

① 在量子力学中，原子中的电子，由其能量确定的能级状态，可以有两种不同自旋量子数的状态，该能级状态是两种不同的自旋状态的简并态。在量子力学中，对一个算符的一个本征值如果有一个以上的本征函数，则把这种情况称为简并，并把对应于同一个本征值的本征函数的个数称为简并度。

② 晶格振动就是晶体原子在格点附近的热振动，可用简正振动和振动模来描述。由于晶格具有周期性，晶格的振动模具有波的形式，称为格波。一个格波就表示晶体所有原子都参与的一种振动模式。格波可区分为声学波和光学波两类——两种模式。格波能量的量子称为声子，有声学波声子和光学波声子之分。晶体的比热、热导、电导等都与晶格振动（或者声子）有关。

处于较低能级的粒子在受到外界的激发（即与其他的粒子发生了有能量交换的相互作用，如与光子发生非弹性碰撞）而吸收了能量时，跃迁到与此能量相对应的较高能级，这种跃迁称为受激吸收（简称"吸收"）。

粒子受到激发而进入的激发态，不是粒子的稳定状态，如存在着可以接纳粒子的较低能级，即使没有外界作用，粒子也有一定的概率自发地从高能级激发态（E_2）向低能级基态（E_1）跃迁，同时辐射出能量为 $E_2 - E_1$ 的光子，光子频率 $\nu = (E_2 - E_1)/h$。这种辐射过程称为自发辐射。众多原子以自发辐射发出的光，不具有相位、偏振态、传播方向上的一致，是物理上所说的非相干光。

1917 年，爱因斯坦从理论上指出，除自发辐射外，处于高能级 E_2 上的粒子还可以另一方式跃迁到较低能级。他指出，当频率为 $\nu = (E_2 - E_1)/h$ 的光子入射时，也会引发粒子以一定的概率，迅速地从能级 E_2 跃迁到能级 E_1，同时辐射两个与外来光子频率、相位、偏振态以及传播方向都相同的光子，这个过程称为受激辐射。可以设想，如果大量原子处在高能级 E_2 上，当有一个频率 $\nu = (E_2 - E_1)/h$ 的光子入射，从而激励 E_2 上的原子产生受激辐射，得到两个特征完全相同的光子，这两个光子再激励 E_2 能级上的原子，又使其产生受激辐射，可得到四个特征相同的光子，这意味着原来的光信号被放大了。这种在受激辐射过程中产生并被放大的光就是激光。

1960 年 5 月 15 日，美国加利福尼亚州休斯实验室的科学家梅曼宣布获得了波长为 0.6943 μm 的激光，这是人类有史以来获得的第一束激光，梅曼也因此成为世界上第一个将激光引入实用领域的科学家。

爱因斯坦 1917 年就提出受激辐射，激光器却在 1960 年问世，相隔 43 年，为什么？主要原因是，普通光源中粒子产生受激辐射的概率极小。当频率一定的光射入工作物质时，受激辐射和受激吸收两过程同时存在，受激辐射使光子数增加，受激吸收却使光子数减小。物质处于热平衡态时，粒子在各能级上的分布，遵循平衡态下粒子的统计分布规律。按统计分布规律，处在较低能级 E_1 的粒子数必大于处在较高能级 E_2 的粒子数。这样光穿过工作物质时，光的能量只会减弱而不会加强。要想使受激辐射占优势，必须使处在高能级 E_2 的粒子数大于处在低能级 E_1 的粒子数。这种分布正好与平衡态时的粒子分布相反，称为粒子数反转分布，简称粒子数反转。从技术上实现粒子数反转是产生激光的必要条件。

理论研究表明，任何工作物质，在适当的激励条件下，可在粒子体系的特定高低能级间实现粒子数反转。若原子或分子等微观粒子具有高能级 E_2 和低能级 E_1，E_2 和 E_1 能级上的粒子数为 N_2 和 N_1，在两能级间存在着自发辐射跃迁、受激辐射跃迁和受激吸收跃迁三种过程。受激辐射跃迁所产生的受激发射光，与入射光具有相同的频率、相位、传播方向和偏振方向。因此，大量粒子在同一相干辐射场激发下产生的受激发射光是相干的。受激发射跃迁概率和受激吸收跃迁概率均正比于入射辐射场的单色能量密度。当两个能级的统计权重相等时，两种过程的概率相等。在热平衡情况下，$N_2 < N_1$，所以自发吸收跃迁占优势，光通过物质时通常因受激吸收而衰减。外界能量的激励可以破坏热平衡而使 $N_2 > N_1$，这种状态称为粒子数反转状态。在这种情况下，受激辐射跃迁占优势。光通过一段长为 l 的处于粒子数反转状态的激光工作物质（激活物质）后，

光强增大 e^{Gl} 倍。G 为正比于 $N_2 - N_1$ 的系数，称为增益系数，其大小还与激光工作物质的性质和光波频率有关。一段激活物质就是一个激光放大器。如果把一段激活物质放在两个互相平行的反射镜（其中至少有一个是部分透射的）构成的光学谐振腔中，处于高能级的粒子会产生各种方向的自发发射。其中，非轴向传播的光波很快逸出谐振腔；轴向传播的光波却能在腔内往返传播，当它在激光物质中传播时，光强不断增长。如果谐振腔内单程小信号增益 $G_0 l$ 大于单程损耗 δ（$G_0 l$ 是小信号增益系数），则可产生自激振荡。

在科技日新月异的当今，人们已经可以通过高科技的手段利用激光把材料中的热量逐渐排出，直至这些材料像冰冻的冥王星一样冷。美国的科学家已经研制出激光冷却器的样机，他们希望能把这些冷却器放到卫星上使用。

激光为什么能制冷呢？原来，物体的原子总是在不停地做无规则运动，这实际上就是表示物体温度高低的热运动。原子运动越激烈，物体温度越高；反之，温度就越低。所以，只要降低原子运动速度，就能降低物体温度。激光制冷的原理就是利用大量的光子阻碍原子运动，使其减速，从而降低物体温度。物体原子运动的速度通常在 500 m/s 左右。长期以来，科学家一直在寻找使原子相对静止的方法。美国科学家采用三束相互垂直的激光，从多个方面对原子进行照射，使原子陷于光子海洋中。原子迎面撞上光子并吸收它后，受光子的冲力影响会减速。一段时间后，原子跌落到低能级基态，辐射出一个光子。受射出光子的后坐力的影响，原子会增加一些速度，不过射出光子的方向是随机的。在循环吸收、发射光子后，原子每次吸收光子都会减速，而每次发射光子后都会由于后坐力获得一个随机的速度，但这些随机的速度加起来相互抵消，原子运动就逐渐减速。激光的这种作用被形象地称为"光学黏胶"。在实验中，被"黏"住的原子可以降到几乎接近绝对零度的低温。

（十四）时间计量——原子时

目前，地球自转的速度正在逐渐加快，平均一天的时间会比以往快约 0.5 ms。据科学测算，2021 年已成为"史上最快的一年"。如果地球自转速度继续加快，为了与地球自转的时间保持同步，世界各地的时钟可能都需要重新调整，或将首次出现全球时钟中删除一秒的场景。你可能会觉得奇怪，一年 365 天、一天 24 小时、一小时 60 分钟，时间单位都是固定不变的，一年怎么就能变快？这删除一秒又是什么奇谈怪论？

各国之前采用的时间计量系统是以地球自转为基准的天文时。天文时是借助天文观测得到地球自转的平均周期（也就是 1 日），然后将其等分为 86400 份，每一份就是 1 秒；即一天有 24 小时，一小时有 60 分钟，一分钟有 60 秒。长期以来，科学界一直认为地球的自转速率很均匀，是一台相当靠谱的时钟，因此天文时就被作为当时通用的时间标准。但 20 世纪中叶之后，人们发现地球其实并不靠谱，地核熔化、海洋和大气的复杂运动以及月球等都会对地球的自转产生影响（图 1.6），甚至全球变暖对高海拔地区的冰雪融化产生的影响也会导致地球自转速度加快。因此，地球自转的速率处于不断变化之中，导致天文时一天的长度也并非恒定不变。

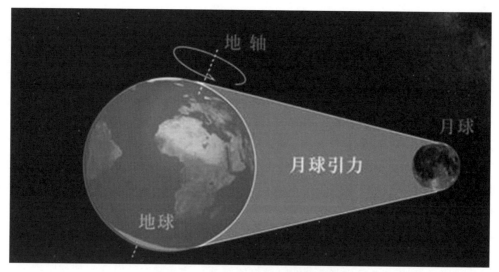

图 1.6　月球引力影响地球自转速率

随着量子理论的发展，科学家引入了原子时作为时间计量标准。相对于以地球自转为基础的天文时来说，原子时是均匀的计量系统。原子谱线的频率是普世的，不会随着地域、时间而改变。原子时用来衡量时间，本质是寻找一个稳定的周期现象。铯 133 原子被选用当作时间标准，是因为它最低的两个能级靠得非常近，且两个能级之间的辐射是频率比可见光低得多的射频电波，可以很容易地被现代电子设备计量它的周期。

为兼顾人类对天文时和原子时的需要，科学家们规定了协调世界时（UTC），也就是我们现在所使用的世界标准时间。它不与任何地区位置相关，也不代表此刻某地的时间，它是天文时和原子时相协调的产物。而这增加或删除一秒的说法就由此而来。

以原子时为标准，一天就是 86400 秒。由于地球自转的速度不断变化，从 1820 年至 2015 年，天文时的一天如果用原子时来衡量，平均有 86400.002 秒。这千分之二秒的误差看似微不足道，但日积月累差异会越来越大。为了让二者的时间尽量保持一致，科学家在 1972 年，引入了闰秒系统。闰秒一般被安插在 23 时 59 分 59 秒，以我们所用的时间标准来说，下一秒应为 0 时 0 分 0 秒，但加入闰秒之后，时钟则显示为 23 时 59 分 60 秒，之后再进入 0 时 0 分 0 秒。

而闰秒的安插日期一般为 6 月 30 日或 12 月 31 日，或者是 3 月 31 日或 9 月 30 日，这个并没有固定的规律，具体日期由国际地球自转服务局（IERS）通过监测地球的自转速度，统一规定和发布。一般是提前 6 个月通知各国何时需要增加或减少闰秒。

图 1.7　闰秒

从 20 世纪 70 年代以来，全球已经进行了 27 次闰秒调整，而这 27 次都是在等待赶不上趟的地球自转，也就是说我们的时间一共增加了 27 秒。但是近几年，地球自转速度正在加快。据报道，过去 50 年里，地球完成一次旋转所需的时间慢于 86400 秒（24 个小时）。然而在 2020 年中，这一长期趋势被逆转，现在一天的时长常短于 86400 秒。2020 年 7 月 19 日，这一天的时长比 24 小时缩短了 1.4602 毫秒——这是有记录以来最短的一天。

（十五）现代核物理

从 20 世纪 70 年代中期开始，核物理的研究跳出了传统范围，有了巨大的进展。首先是实验手段的发展，各种中、高能加速器、重离子加速器相继投入运行；与此相应，探测技术的发展不仅扩大了可观测核现象的范围，也提高了观测的精度与分析能力；核数据处理技术由手工向计算机化的转变，更加速了核理论研究的进程。受到粒子物理学和天体物理学发展的影响，核物理理论也开始从传统的非相对论量子核动力学（QND）向着相对论量子强子动力学（QHD）和量子色动力学（QCD）转变。一个以相对论量子场论、弱电统一理论与量子色动力学为基础的现代核结构理论正在兴起。虽然粒子物理已成为一门独立学科，核物理已不再是研究物质结构的最前沿，但是核物理的研究却进入了一个向纵深发展的崭新阶段。

原子核的集体模型除了平均场外，还计入了剩余相互作用，因而加大了它的预言能力。然而，核多体问题在数学处理上的难度很大，这给实际研究造成很大的困难。近十几年来，有人提出了各种更为简化的核结构模型，其中主要的有液点模型，它的特点是反映了原子核的整体行为和集体运动，能较好地说明原子核的整体性，如结合能公式、裂变、集体振动和转动等。除了液点模型外，还有互作用的玻色子模型（IBM），这一模型也是企图用简化方法研究核结构。人们对核子间的核力作用认识还不清楚，又由于原子核是由多个核子统成的多体系统，考虑到每个核子的 3 维坐标自由度、自旋与同位族自由度，运动方程已无法求解，加上多体间相互作用就更难上加难。过去的独立核壳层模型强调了独立粒子的运动特性，而原子核集体模型又强调了核的整体运动，这两方面的理论没能做到很好的结合。尽管核子的多体行为复杂，无法从理论计算入手，实验观察却发现，原子核这样一个复杂的多费密子系统，却表现出清晰的规律性与简单性。这一点启发人们，能否先"冻结"一些自由度，研究核的运动与动力学规律，从简单性入手研究核，这就是互作用玻色子模型的出发点。

1968 年，费什巴赫（Feshbach）与他的学生拉什罗（F. Lachllo）在研究双满壳轻核时，把粒子–空穴看成为一个玻色子，提出了相互作用玻色子概念。1974 年，拉什罗把这一概念用于研究中、重偶偶核，他与阿里默（A. Arima）合作，提出了互作用玻色子模型。这一模型认为，偶偶核包括双满壳的核实部分与双满壳外的偶数个价核子部分。若先把核实的自由度"冻结"，把价核子配成角动量为 0 或 2 的核对，即可把费密子对处理为玻色子，用玻色子间的相互作用描述偶偶核，可以使问题大大简化。他们的这一模型在解释中、重原子核的低能激发态上取得了很大的成功。互作用玻色子模型更为成功之处是，它预言了原子核在超空间中的对称性。它指出核转动、核振动等集体运动行为是核动力学对称性的反映。由于对核动力学对称性的揭示，这一模型虽然比较抽象，却更为深刻也更为本质。在过去，提到对称性，往往被认为是粒子物理学的研究课题。其实，核物理也是对称性极为丰富的研究领域。

（十六）量子隧道效应

量子隧道效应是基本的量子现象之一，即当微观粒子的总能量小于势垒①高度时，该粒子仍能穿越这一势垒。按经典理论，粒子为脱离此能量势垒，必须从势垒的顶部越过。但由于量子力学中的不确定性原理，时间和能量为一组共轭量，能量 E 与时间 T 是不能同时测准的。时间测量越准确（时间范围越短，即时间很确定），相应的能量就会越无法准确测量（即很不确定），也就是说，微观粒子在极短的时间内，其能量的可能值范围就会变大。因此，虽然微观粒子的能量 E（这里的粒子能量 E 是其可能的能量范围的平均值）小于势垒 U，但在极短的时间内，粒子会有一个较小的概率处于这个能量范围的高端处（即呈现高能状态），瞬间能量超过了势垒 U。如果势垒 U 的空间跨度非常小，这个只能存在极短时间的高能粒子将可以越过势垒，越过势垒之后，粒子的能量重新回复到正常大小。简单地说，就是先凭空"借"来能量，成功穿越后再把"借"来的能量"还"回去，这种凭空的能量"借还"是可以允许的，也并没有违背能量守恒原理，但必须在极短的时间之内进行，因此势垒贯穿现象能够穿越的距离也就非常小，从而使一个粒子看起来像是从"隧道"中穿过了势垒。在诸如能级的切换，两个粒子相撞或分离的过程（如在太阳中发生的仅约 1000 万摄氏度的"短核聚变"）中，量子隧道效应经常发生。

单电子隧道效应是美国固体物理学家加埃沃 1960 年在超导电性研究中取得的一个重要成就。加埃沃把两块金属电极中间夹一层很薄的绝缘层（10^{-7} 厘米数量级）的结构叫做隧道结。根据量子力学原理，电子可以通过这样薄的绝缘层，当给隧道结两端加电压时就能产生电流。对于一个电极是超导体的隧道结，当所加电压可使电子能量超过其能隙宽度时，在温度远低于超导体临界温度的情况下，电子可以通过隧道结，从而使电流陡然上升，这便是超导体的单电子隧道效应。加埃沃由于这一发现而与半导体隧道二极管的发明者江崎玲于奈以及约瑟夫森共同获得 1973 年诺贝尔物理学奖。

随后，人们发现一些宏观量，例如微颗粒的磁化强度、量子相干器件中的磁通量等亦有隧道效应，称为宏观的量子隧道效应。早期曾用隧道效应来解释纳米镍粒子在低温继续保持超顺磁性。后来人们发现 Fe–Ni 薄膜中畴壁运动速度在低于某一临界温度时基本上与温度无关。于是，有人提出量子理想的零点震动可以在低温起着类似热起伏的效应，从而使零温度附近微颗粒磁化矢量的重取向保持有限的驰豫时间，即在绝对零度仍然存在非零的磁化反转率。宏观量子隧道效应的研究对基础研究及实用领域都有着重要的意义，它限定了磁带、磁盘进行信息贮存的时间极限。量子尺寸效应、隧道效应将会是未来电子器件的基础，或者说它确立了现存微电子器件进一步微型化的极限。当电

---

① 势垒（potential energy barrier）是指势能比附近的势能都高的空间区域，基本上就是极值点附近的一小片区域。

子器件进一步细微化时，必须要考虑上述的量子效应。

这种凭空的能量借还的现象也是量子理论中"虚粒子"的产生原因。在极短时间内，真空中某处会突然处于高能状态，这些能量转换成一对正粒子和反粒子，然后这对粒子又立刻相互湮灭而消失，这就是"虚粒子"。这就是量子理论对于"真空"的描述，真空中无时无刻不在大量地出现这种虚粒子。虚粒子对宏观真空不会产生任何影响，但对于微观下的量子真空却有极深远的意义。

第二章 量子信息技术发展

第一节 第一次信息革命

信息技术自人类社会形成以来就存在，并随着科学技术的进步而不断变革。语言、文字是人类传达信息的初步方式，烽火台是远距离传达信息的最简单手段，纸张和印刷术则使信息流通范围大大扩展。自19世纪中期以后，人类学会利用电和电磁波，信息技术的变革大大加快。电报、电话、收音机、电视机的发明使人类的信息交流与传递快速而有效。第二次世界大战以后，半导体、集成电路、计算机的发明和数字通信、卫星通信的发展形成了新兴的电子信息技术，使人类利用信息的手段发生了质的飞跃。具体讲，人类不仅能在全球任何两个有相应设施的地点之间准确地交换信息，还可利用机器收集、加工、处理、控制、存储信息。机器开始取代了人的部分脑力劳动，扩大和延伸了人的思维、神经和感官的功能，使人们可以从事更富有创造性的劳动。计算机的普及应用和计算机与通信技术的结合是前所未有的变革，是人类在改造自然中的一次新的飞跃。电脑的出现从根本上改变了人类加工信息的手段，突破了人类大脑及感觉器官加工利用信息的能力。信息技术的出现标志着人类生活的进步，促进了社会经济的发展。

信息技术革命不仅为人类提供了新的生产手段，带来了生产力的大发展和组织管理方式的变化，还引起了产业结构和经济结构的变化。这些变化将进一步引起人们价值观念、社会意识的变化，从而带来社会结构和政治体制的变化。例如计算机的推广普及促进了工厂自动化、办公自动化和家庭自动化，形成所谓的"3A"革命。计算机和通信技术融合形成的信息通信网推动了经济的国际化。金融界组成的全球金融信息网使资金可以克服时差，在一昼夜间经全球流通而大大增值。跨国公司已控制着很大部分的生产与国际贸易。同时，这种系统还扩展了人们受教育的机会，使更多的人可以从事更富创造性的劳动。信息的广泛流通促进了权力分散化、决策民主化。随着人们教育水平的提高，将有更多的人参与各种决策。这一形势的发展必然带来社会结构的变革。总之，现代信息技术的出现和进一步发展将使人们的生产方式和生活方式发生巨大变化，引起经济和社会变革，使人类走向新的文明。

一、改变生活生产的计算机

（一）形影不离的计算机

随着时代的发展，科技的进步，从第一代计算机的产生到现在，我们经历了一个又一个奇迹的诞生。它从局部走向世界，从单位走向家庭，从成人走向少年，我们的生活已不能离开它。它给我们日常的学习生活带来便利、高效，让我们足不出户就能尽知天下事。可以说，正是计算机让我们的生活更加丰富，让全世界的人联系更加紧密，让我们的社会发展变得更加快速。当今社会的衣食住行都离不开计算机的存在。

（二）计算机的诞生

计算机俗称为"电脑"，是由美籍匈牙利人约翰·冯·诺依曼（图2.1）发明的。1946年，他发明了ENIAC，全称为electronic numerical integrator and computer，即电子数字积分计算机，标志着世界上第一台计算机的诞生（图2.2）。计算机简单来说就是一种用于高速计算的电子计算机器，它可以进行数值计算，也可以进行逻辑计算，还具有存储记忆的功能。通常情况下一台完整的计算机是由硬件系统和软件系统共同组成，没有安装任何软件及操作系统的计算机称为裸机。配备软件系统后，计算机就能按程序运行，自动、高速同时智能化地处理海量数据。

图2.1　约翰·冯·诺依曼

图2.2　电子数字积分计算机

（三）计算机的发展史

计算机的发展有一定的历史性，如果追溯计算机的起源，那么，我们可以从中国古代说起。古人发明的算盘可以说是最早的数据处理工具了，利用算珠子，人们无需进行心算便可通过固定的口诀将答案计算出来。这种计算与逻辑运算的概念传入西方后，被美国人发扬光大，直至 20 世纪中叶第一台计算机横空出世。

计算机的发展大致可以分为六个阶段。

第 1 阶段：第一代计算机（1946—1957 年），电子管计算机，主要特点是：

（1）采用电子管作为基本逻辑部件，体积大，耗电量大，寿命短，可靠性低，成本高。

（2）采用电子射线管作为存储部件，容量很小，后来外存储器使用了磁鼓存储信息，扩充了容量。

（3）输入输出装置落后，主要使用穿孔卡片，速度慢，使用十分不便。

（4）没有系统软件，只能用机器语言和汇编语言编程。

第 2 阶段：第二代计算机（1958—1964 年），晶体管计算机，主要特点是：

（1）采用晶体管制作基本逻辑部件，体积减小，重量减轻，能耗降低，成本下降，计算机的可靠性和运算速度均得到提高。

（2）普遍采用磁芯作为贮存器，采用磁盘/磁鼓作为外存储器。

（3）开始有了系统软件（监控程序），提出了操作系统概念，出现了高级语言。

第 3 阶段：第三代计算机（1965—1970 年）集成电路计算机，以中、小规模集成电路取代了晶体管。主要特点是：

（1）采用中、小规模集成电路制作各种逻辑部件，从而使计算机体积更小，重量更轻，耗电更省，寿命更长，成本更低，运算速度有了更大的提高。

（2）采用半导体存储器作为主存，取代了原来的磁芯存储器，使存储器容量的存取速度有了大幅度的提高，增加了系统的处理能力。

（3）系统软件有了很大发展，出现了分时操作系统，多用户可以共享计算机软硬件资源。

（4）在程序设计方面上采用了结构化程序设计，为研制更加复杂的软件提供了技术上的保证。

第 4 阶段：第四代计算机（1971 年至今），采用大规模集成电路和超大规模集成电路。主要特点是：

（1）基本逻辑部件采用大规模、超大规模集成电路，使计算机体积、重量、成本均大幅度降低，出现了微型机。

（2）作为主存的半导体存储器，其集成度越来越高，容量越来越大；外存储器除广泛使用软、硬磁盘外，还引进了光盘。

（3）各种使用方便的输入输出设备相继出现。

（4）软件产业高度发达，各种实用软件层出不穷，极大地方便了用户。

（5）计算机技术与通信技术相结合，计算机网络把世界紧密地联系在一起。

（6）多媒体技术崛起，计算机集图像、图形、声音、文字处理于一体，在信息处理领域掀起了一场革命，与之对应的信息高速公路也不断更新换代，如今已进入5G时代。

第5阶段：第五代计算机——智能云计算机。计算能力动态可伸缩，可满足用户业务需求的变化，超强容错能力，在节点计算资源发生故障的情况下仍能继续正确完成指定任务，并可在不切断云计算机电源的情况下取出和更换损坏的节点计算单元或存储单元，从而提高整机的扩展性、灵活性以及对灾难的及时恢复能力等。协同快速部署技术很好地实现了平台网络化、技术对象化、系统构件化、产品领域化、开发过程化、生产规模化。

第6阶段：第六代计算机——量子计算机，是未来计算机的发展方向。

（四）计算机发展对人类生产生活的作用

1. 提高人们的生活水平

经过不断发展，计算机已得到了广泛地普及，人们使用计算机网上购物、休闲娱乐等。它为人们节省了大量的时间和精力，为人们的生活提供了便捷，进而提升了人们的生活水平。

2. 扩大文化的传播领域

计算机技术的发展促进了不同民族文化的传播，进而增强了不同国家间的文化交流和融合，促进了文化的综合发展。除此之外，计算机技术协助科学研究人员进行精密的数据整理和分析，促进了科技文化的发展。

3. 促进经济发展

随着社会的不断进步，各企业间的竞争也愈加激烈。而企业的不断发展离不开计算机技术的应用。各个企业利用计算机互联网技术相互协作，将企业的信息数据通过互联网进行传播，既节省了物力财力，又满足了企业利益最大化。企业间借助计算机技术达成合作，实现了企业的共同发展。

4. 推动生产力发展

计算机的有效应用，可相对地解放劳动力，进而有助于社会生产力水平的提高。比如，计算机可对仪器、设备进行自动化控制，方便人们操作；对精密仪器设备进行加密和解密，使复杂的运算变简单；等等。计算机进一步解放了人们的双手，让体力劳动转化为脑力劳动，实现生产力的变革。

二、无处不在的互联网

互联网，通俗来说，就是"互联网＋各个传统行业"，但这并不是简单的两者相加，而是利用通信技术以及互联网平台，让互联网与传统行业进行深度融合，创造新的发展生态。"互联网＋"是互联网思维的进一步实践成果，它代表一种先进的生产力，推动经济形态不断发生演变，为社会经济实体的改革、创新、发展提供广阔的网络平台。

现如今的互联网，已成为人们日常生活中不能缺少的一部分。互联网已成为当今社会最实用的工具之一，影响和改变着人们生活的各个方面，包括政治、经济、文化、科

技、社会等。

（一）互联网对政治的影响

社会舆论属于社会生活中的一个公共领域，在这个领域中，能够形成各种公共意见。这些公共意见若客观、公正、理性，就能为政府制定政策提供参考依据，从而有利于民主政治建设。

当然，互联网也会对政治文明建设产生消极作用。例如，互联网上错误的舆论信息可能导致民间非理性舆论膨胀而影响政府决策，互联网上的虚假信息可能破坏社会稳定，等等。

（二）互联网对经济的影响

从宏观角度来看，随着互联网技术日益广泛地应用到社会经济诸领域中，网络开始超越单纯的信息技术成果的形式，成为推动企业发展、区域经济增长乃至国家经济发展的重要动力。信息网络化的过程，实质上是物质产品和劳务向知识密集型转化、产业结构的重心向附加值高的信息产业演进的过程。它在国民经济中已成为与钢铁、能源、汽车相并列的支柱产业和先导产业，同时也是促进其他高新技术产业化形成和发展的基础。从企业角度来看，企业管理者通过互联网不仅可以及时获得企业内部跨地区、跨层次、跨级别的多方位信息，从而简化企业内部管理环节，还可以及时了解国际竞争对手的优势和劣势，使企业逐步具有参与国际竞争的能力。从消费者角度来看，消费者通过互联网，可以获得世界范围内最新的资源、技术、金融资本和商品的信息，参加国际贸易并直接参与国际竞争，这就大大推动了经济活动的跨国化和全球化。

（三）互联网对文化的影响

网络的出现，极大地促进了文化的传播和发展，丰富了人们的文化生活。在互联网上，网友之间完全平等，他们可以根据自己的爱好选择对象进行交流，可以自由阐述自己的主张，驳斥他人的观点。但网络的虚拟性、遮蔽性以及网名的非真实性，使网民容易出现不文明与不道德的行为，如非诚实信用行为、反传统伦理道德行为等。同时，人们借助互联网可以突破地域界限，不同国家、不同民族的文化通过交流会彼此吸收、借鉴、认同并趋于一体化。这有助于彼此取长补短、增进了解，有利于对别国文化"取其精华，去其糟粕"。

（四）互联网对科技的影响

互联网的出现推动社会生产力以更快的速度发展，计算机网络时代的到来宣告了一场新的科技革命的诞生。首先，互联网的最大优势在于信息传播快和信息互动，这有助于人们树立新的信息应用理念，营造良好的创新环境和创新条件，开拓区域创新，形成信息传导集群区域，以信息力量来推动科技创新。其次，企业在创新过程中，始终离不开科技信息资源。这些信息资源涵盖了社会科学、自然科学、高新技术、应用科学、经济、知识产权技术指标及商业情报等相关学科和领域。而互联网不仅可以帮助人们从浩如烟海的信息库中找到所需要的各种信息，还可以通过互联网上的论坛与相关方面的专家直接进行交流。

（五）互联网对社会的影响

互联网的发展引起了社会生产和生活的革命性变化。首先，网络传播的即时性极大地消除了时空限制，使人们有了一个可以争取"权利平等"和"民主"的平台，因而具有促进社会民主、倡导有效监督的积极的一面。其次，人们可以通过网络传播的互动功能，组成数目众多、极具特色的人际互动网络（如 Facebook），增强网络传播带来的集聚效应。最后，在网络传播有效促进社会民主化进程中，网络"草根"力量迅速兴起和壮大。然而，在"草根"力量的急剧扩张中也有一种不理性的冲动和情绪的宣泄，助长了网络传播中的暴力倾向。

三、神奇的黑匣子——集成电路

（一）集成电路的发展

集成电路是 20 世纪 60 年代发展起来的一种半导体器件，它的英文名称为 integrated circuits，缩写为 IC。它是以半导体晶体材料为基片，经加工制造，将元件、有源器件和互连线集成在基片内部、表面或基片之上的，执行某种电子功能的微型化电路（图 2.3）。

图 2.3　集成电路

凡是带电池或者接电的都有集成电路，比如手机、iPad、电视、笔记本、冰箱、汽车、飞机、轮船、导弹、卫星等等（图 2.4）。

集成电路的发展经历了一个漫长的过程。1906 年，世界上第一个电子管诞生；1912 年前后，电子管的制作日趋成熟，引发了无线电技术的发展；1918 年前后，逐步发现了半导体材料；1920 年，发现半导体材料所具有的光敏特性；1932 年前后，运用量子学说建立了能带理论，用于研究半导体现象；1947 年，发明了晶体管（微电子技术发展中第一个里程碑）；1956 年，硅台面晶体管问世；1960 年 12 月，世界上第一块

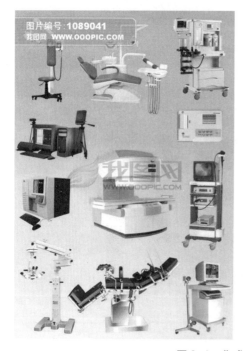

图2.4　集成电路应用场景

硅集成电路制造成功；1966 年，美国贝尔实验室使用比较完善的硅外延平面工艺制造成第一块公认的大规模集成电路；1988 年，16M DRAM 问世（标志着进入超大规模集成电路阶段的更高阶段）；1997 年，300MHz 奔腾 Ⅱ 问世；2009 年，Intel 酷睿 i 系列全新推出，创纪录采用了领先的 32nm 工艺。目前，全球能够制造的最高制程芯片已经达到 3nm。集成电路从诞生到成熟，大致经历了如下过程：电子管——晶体管——集成电路——超大规模集成电路（图2.5）。

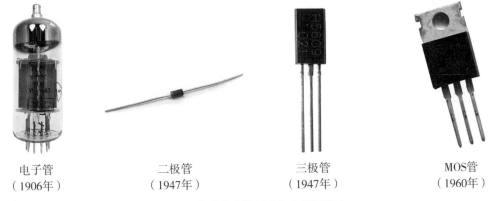

| 电子管
（1906年） | 二极管
（1947年） | 三极管
（1947年） | MOS管
（1960年） |

图2.5　集成电路发展的几个重要节点

随着科学技术的迅速发展和对数字电路不断增长的应用要求，集成电路生产厂家积极采用新技术，改进设计方案和生产工艺，沿着提高速度、降低功耗、缩小体积的方向做不懈努力，不断推出各种型号的新产品。仅几十年时间，数字电路就从小规模、中规模、大规模发展到超大规模、巨大规模。集成电路种类繁多，按制作工艺可分为三大类，即半导体集成电路、膜集成电路及混合集成电路。目前世界上生产最多、应用最广的就是半导体集成电路。半导体集成电路又可分为 DDL（二极管－二极管逻辑）集成电路、DTL（二极管－三极管逻辑）集成电路、HTL 高电压（二极管－三极管逻辑）集成电路、TTL（三极管－三极管逻辑）集成电路、ECL（射极偶合逻辑或电流开关逻辑）集成电路和 CMOS（互补型金属氧化物半导体逻辑）集成电路。其中应用最广泛的数字电路是 TTL 集成电路和 CMOS 集成电路。

MOS 管是集成电路的基础单元。整个电路就像城市，MOS 管就像房子。

随着集成方法学和微细加工技术的持续成熟和不断发展，以及集成技术应用领域的不断扩大，集成电路的发展趋势将呈现小型化、系统化和关联性的态势。

（二）摩尔定律

自 1965 年以来，集成电路持续地按摩尔定律增长，即集成电路中晶体管的数目每18 个月增加一倍。每 2～3 年制造技术更新一代，这是基于栅长不断缩小的结果。器件栅长的缩小又基本上依照等比例缩小的原则，同时促进了其他工艺参数的提高。按此规律，在 2010 年前后，CMOS 器件从亚半微米进入纳米时代，即器件的栅长从小于100nm转到小于50nm。2022 年底，3nm 的集成电路芯片已经进入量产阶段。

未来一段时间，随着设备和材料水平的不断提升，集成电路产业链的各个环节的技术水平仍将保持较快发展。在设计方面，随着市场对芯片小尺寸、高性能、高可靠性、节能环保的要求不断提高，高集成度、低功耗的系统级芯片（SoC）将成为未来主要的发展方向，软硬件协同设计、IP 复用等设计技术也将得到广泛的应用。在芯片制造方面，存储器、逻辑电路、处理器等产品对更高的处理速度、更低的工作电压等方面的技

术要求不断提高。

四、推动世界发展的信息技术

自 1946 年第一台计算机诞生以来，仅仅过去半个多世纪，信息技术就以它广泛的影响和巨大的生命力风靡全球，成为科技发展史上业绩最辉煌、发展最迅速、对人类影响最广泛和最深刻的科技领域。

信息技术的应用领域是十分广泛的，例如通信、商务、农业、教育等，具体到与我们生活中每一个细节都会有关联。信息技术对社会的影响是巨大的，不仅在近几十年来一直影响着我们，还会在未来持续对我们产生影响。

科学技术是第一生产力，信息技术已经成为科学技术的前沿，人类社会正在从工业社会步入信息社会。

信息技术促进了新技术的变革，极大地推动了科学技术的进步。计算机技术的应用，帮助人们攻克了一个又一个科学难题，使得原本依靠人工需要花几十年甚至上百年才能解决的复杂的计算，现在用计算机可能几分钟就能完成。应用计算机仿真技术可以模拟现实中可能出现的各种情况，便于验证各种科学的假设。以微电子技术为核心的信息技术，带动了空间开发、新能源开发、生物工程等一批尖端技术的发展。此外，信息技术在基础学科中的应用及与其他学科的融合，促进了新兴学科（如计算物理、计算化学等）和交叉学科（如人工智能、电子商务等）的产生和发展。

世界范围内，PC、网络相关产品、数字移动通信设备、数字音视频产品和汽车电子设备需求量迅速增加，全球半导体市场发展前景十分看好。

综上所述，信息技术未来的发展将会与人类的发展并进，未来世界也会成为真正的信息化社会，人类将全面进入信息时代。信息产业无疑将成为未来全球经济中最宏大、最具活力的产业。信息技术将成为知识经济社会中最重要的资源和竞争要素。

第二节　从电子时代迈向量子时代——第二次信息革命

一、经典比特和量子比特

（一）经典比特和量子比特的区别

在经典信息的处理过程中，记述信息的二进制储存单元称为经典比特（bit），经典比特由电压的高低 0、1 表示。一个比特在特定时刻只有特定的状态，要么 0，要么 1，所有的信息处理都按照经典物理学规律一个比特接一个比特地进行。

对于量子信息而言，记述量子信息的储存单元为量子比特（qubit），一个量子比特就是 0 和 1 的量子叠加态。直观来看就是把 0 和 1 当成两个向量，一个量子比特可以是 0 和 1 这两个向量的所有可能的组合，可以写作 $|\varPsi\rangle = \alpha|0\rangle + \beta|1\rangle$。

这里用 $\varPsi$ 代表 0 和 1 的叠加。$|\rangle$ 为狄拉克符号，代表量子态。α 和 β 是两个复数，满足关系 $|\alpha|^2 + |\beta|^2 = 1$。

在经典计算机中，我们可以通过检查知道比特是处于 0 还是处于 1，但是我们却不可以通过测量得到量子比特所处的状态。由量子力学知识可知，一个量子比特就是一个最简单的量子叠加态，即一个量子（可以是一个基本粒子，或者复合粒子）可以同时处于 0 和 1 两个状态，但它既不是 0，也不是 1。如果我们测量状态 $|\Psi\rangle$，那么我们有 $|\alpha|^2$ 的概率得到 $|0\rangle$ 态，$|\beta|^2$ 的概率得到 $|1\rangle$ 态，并且在我们测到结果的时候叠加态就坍缩到与测量结果相容的状态上了，我们测到的是状态 $|0\rangle$ 或 $|1\rangle$ 而无法知道分别处于这两个态的概率是多少，因而量子比特具有不可测量性。

薛定谔曾用一个猫的"生和死"两种状态叠加的假想实验，即"薛定谔的猫"来质疑他一手建立的量子力学的合理性。但是今天我们知道，一个量子叠加态会和经典系统相互作用而产生退相干，"薛定谔的猫"在粒子打到探测器上开始就早早发生了退相干，使得探测器从控制是/否打破毒药瓶到猫的死/生变成了两条独立的历史，打开盒子发现猫的死/生都成为经典的概率事件。同理，退相干令所有宏观物体在极短时间内变成了经典的状态，掩盖了其组成粒子的量子本质。

理论上说，任何二能级/准二能级系统都可构成 qubit，比如自旋为 1/2 的电子或原子核、原子的基态与第一激发态、正交极化的两个单光子态等。现阶段，能够运行量子比特的模型主要包括：离子阱、量子点、硅基核自旋、核磁共振、约瑟夫森节等。

（二）量子比特的几何表示

因为 $|\alpha|^2 + |\beta|^2 = 1$，所以叠加态可以改写为

$$|\Psi\rangle = \cos\frac{\theta}{2}|0\rangle + e^{i\phi}\sin\frac{\theta}{2}|1\rangle1 \tag{2.2}$$

其中，ϕ 和 θ 定义了单位球面上的一个点，这个球称为布洛赫（Bloch）球，如图 2.6 所示。

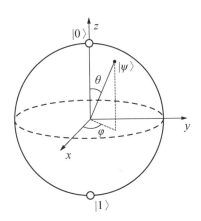

图 2.6 布洛赫球

图 2.6 表示量子比特的布洛赫球，球面代表了量子比特所有可能的取值。

每取一对 ϕ 和 θ 值就对应着球面上的一个点，连接原点与该点就可以得到一个向量，这个向量就表征着一个量子比特，也就是说球面上的每一个点都对应着一个量子比

特。将这个向量与 z 轴的夹角 θ，及其在 $x-y$ 平面内的投影与 x 轴的夹角 ϕ 代入式 (2.2)，就可以得到量子比特的解析表示。

（三）多量子比特

多量子比特是对单量子比特的推广。单量子比特所表征的态由两个基态线性叠加而成，类似的，双量子比特所表示的态由四个基态线性叠加而成。这四个基态分别记为：$|00\rangle$，$|01\rangle$，$|10\rangle$ 和 $|11\rangle$。双量子比特的态表示为：

$$|\Psi\rangle = \alpha_{00}|00\rangle + \alpha_{01}|01\rangle + \alpha_{10}|10\rangle + \alpha_{11}|11\rangle,$$

满足归一化条件：$|\alpha_{00}|^2 + |\alpha_{01}|^2 + |\alpha_{10}|^2 + |\alpha_{11}|^2 = 1$。

同样，对系统进行探测的时候就会发生坍缩，探测第一个量子态为 $|0\rangle$ 的概率为 $|\alpha_{00}|^2 + |\alpha_{01}|^2$，这个时候系统就坍缩在了 $|00\rangle$ 态或者是 $|01\rangle$ 态上，对第二个量子态进一步探测的时候，系统就会进一步坍缩，或为 $|00\rangle$ 态，或为 $|01\rangle$ 态。

下面介绍一个特殊的双量子态：

$$|00\rangle + |11\rangle$$

这个特殊的量子态是量子隐形传态和超密编码的关键因素，同时，也是其他很多有趣量子状态的原型。这个状态的特殊之处在于，测得第一个结果之后第二个结果就知道了：测第一个量子比特的时候有 1/2 的概率得到 $|0\rangle$ 并进入 $|00\rangle$ 态，也就是说，再测第二个量子比特的时候得到的也是 $|0\rangle$ 态；同样有 1/2 的概率测第一个量子比特得到 $|1\rangle$，测第二个量子比特的时候结果和第一个一样。

更特别的是，n 量子比特系统的基态由 2^n 个 $|x_1 x_2 x_3 \cdots x_n\rangle$ 形式的基矢组成。$n = 500$ 的时候，2^n 就超过了整个宇宙原子的估计总数，这用传统的经典计算机是不可能实现的。

二、奇妙的心灵感应——量子纠缠

（一）量子纠缠的含义

在量子力学里，当几个粒子彼此相互作用后，由于各个粒子所拥有的特性已综合成为整体性质，无法单独描述各个粒子的性质，只能描述整体系统的性质，这种现象称为量子缠结或量子纠缠（quantum entanglement）。量子纠缠是一种纯粹发生于量子系统的现象，在经典力学里，找不到类似的现象。

以双粒子为例。一个粒子 A 可以处于某个物理量的叠加态，可以用一个量子比特来表示，同时另一个粒子 B 也可以处于叠加态。当两个粒子发生纠缠时，就会形成一个双粒子的叠加态，即纠缠态。例如，有一种纠缠态就是无论两个粒子相隔多远，只要没有外界干扰，当 A 粒子处于 0 态时，B 粒子一定处于 1 态；反之，当 A 粒子处于 1 态时，B 粒子一定处于 0 态。

用薛定谔的猫做比喻，就是 A 和 B 两只猫如果形成上面的纠缠态：无论两只猫相距多远，即便在宇宙的两端，当 A 猫是"死"的时候，B 猫必然是"活"；当 A 猫是"活"的时候，B 猫一定是"死"。（当然真实的情况是，猫这种宏观物体不可能把量子纠缠维持这么长时间，几亿亿亿亿分之一秒内就会解除纠缠。但是基本粒子是可以的，比如光子。）

这种跨越空间的瞬间影响双方的量子纠缠曾经被爱因斯坦称为"鬼魅的超距作用"（spooky action at a distance），并以此来质疑量子力学的完备性，因为这个超距作用违反了他提出的"定域性"原理，即任何空间上相互影响的速度都不能超过光速。这就是著名的"EPR 佯谬"。

后来，物理学家玻姆在爱因斯坦的定域性原理基础上提出了"隐变量"理论来解释这种超距相互作用。随后物理学家贝尔提出了一个不等式，来判定量子力学和隐变量理论谁正确，即如果实验结果符合贝尔不等式，则隐变量理论胜出，量子力学失败；如果实验结果违反了贝尔不等式，则量子力学胜出，隐变量理论失败。

但是后来，一次次贝尔不等式实验都证实量子力学是对的，量子纠缠就是非定域的，因此爱因斯坦的定域性原理必须舍弃。2021 年最新的无漏洞贝尔不等式测量实验基本宣告了定域性原理的"死刑"。最新的研究表明，微观上的量子纠缠与宏观的热力学第二定律，即熵增定律有着密不可分的关系，宏观系统熵的增加很可能就是由微观上一次次的量子纠缠产生的。

（二）量子隐形传态

认识量子纠缠，最直接的办法是认识量子隐形传态（quantum teleportation）。量子隐形传态充分表达了量子客体是如何通过纠缠传递量子信息的。

量子纠缠是非局域的，即两个纠缠的粒子无论相距多远，测量其中一个的状态必然能同时获得另一个粒子的状态，这个"信息"的获取是不受光速限制的。于是把这种跨越空间的纠缠态用来进行信息传输便应运而生，这种利用量子纠缠态的量子通信就是"量子隐形传态"（图2.7）。它通过跨越空间的量子纠缠来实现对量子比特的传输。

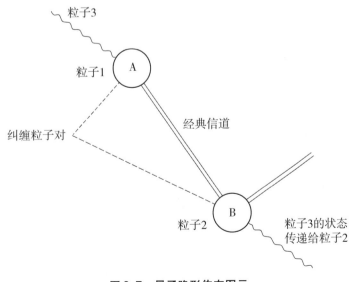

图2.7 量子隐形传态图示

量子隐形传态的过程（即传输协议）一般分如下几步：

（1）制备一个纠缠粒子对。将粒子1发射到A点，粒子2发送至B点。

（2）在A点，另一个粒子3携带一个想要传输的量子比特Q。于是A点的粒子1和B点的粒子2对于粒子3一起会形成一个总的态。在A点同时测量粒子1和粒子3，得到一个测量结果。这个测量会使粒子1和粒子2的纠缠态坍缩，但同时粒子1和粒子3却纠缠到了一起。

（3）A点的一方利用经典信道（就是经典通信方式，如电话或短信等）把自己的测量结果告诉B点一方。

（4）B点的一方收到A点的测量结果后，就知道了B点的粒子2处于哪个态。只要对粒子2稍做一个简单的操作，它就会变成粒子3在测量前的状态。也就是粒子3携带的量子比特无损地从A点传输到了B点，而粒子3本身只留在A点，并没有到B点。

以上就是通过量子纠缠实现量子隐形传态的方法，即通过量子纠缠把一个量子比特无损地从一个地点传输到另一个地点。这也是目前量子通信最主要的方式。需要注意的是，步骤3是经典信息传输而且不可忽略，因此它限制了整个量子隐形传态的速度，使得量子隐形传态的信息传输速度无法超过光速。

（三）量子纠缠的意义

量子纠缠并不是一个完全依赖于表达方式的纯形式的东西，它是两体及多体量子力学中非常重要的概念，是一种物理存在的状态，具有以下意义。

1. 量子信息的传递速度是非定域的、超光速的

非定域、超光速并不是一个新问题，自EPR关联提出以来就受到了大量的关注，但量子纠缠的成功实验，让人们再也不怀疑量子信息具有非定域性与超光速性。但是，人能够获得的确定的经典信息，其传递的最大速度不超过光速。实际上，量子隐形传态没有带来超光速通信，因为为完成隐形传态，Alice必须通过经典信道把她的测量结果传给Bob，没有经典信道，隐形传态根本不传送任何信息。即使没有对量子系统进行测量，量子系统中仍然包括信息，只是这些信息是隐藏着的，我们可以称之为量子信息。当量子系统被测量之后，就产生了一系列数据，这是一种确定的信息，实际上这是经典信息。由此，我们可以得到这样的结论：量子信息传递速度超过光速，而任何经典信息则不超过光速。

2. 量子纠缠意味着内部时空具有不同于外部时空的性质

事物既可以向外部时空运动，也可以向内部时空运动。在经典物理学中，用普通三维空间的位置与动量就可以描述一个粒子的状态。长度、体积等广延量则反映了外部时空的性质。狭义相对论说明高速运动时空与静止时空不同，但两者之间可以通过洛伦兹变换相联系。广义相对论表明，时空是物质的广延，物质密集的时空不同于物质稀少的时空。以上这些时空都是外部时空。

在量子力学中，微观粒子采用态函数Ψ所张开的希尔伯特空间来描述。由于描写粒子状态的只是Ψ函数而不是别的外部空间坐标，就有可能突破普通三维空间的局限，使用别的一些坐标或者变量来描写粒子的状态。我们可以把不属于普通三维空间的坐标或变量叫作粒子的内禀变量或内部变量。所谓内禀或内部，是指微观粒子本身具有且与普通三

维空间中的运动没有关系。粒子的自旋、光子的偏振等形成内部时空。在一定条件下，外部时空可以反映内部时空的状态。内部时空决定了量子纠缠，一个量子位就是一个双态量子系统，或者说是一个二维希尔伯特空间。能发生量子信息的隐形传态，是由希尔伯特空间的性质决定的。可见，内部时空不同于外部时空。

3. 关于纠缠世界与整体世界问题

大体而言，量子纠缠隐含了微观客体之间具有一定的整体性，但是，并不能说纠缠就一定意味着世界是不可分离的，相关的微观事物之间形成了必然关联，也不能说纠缠是先于个体的。纠缠是关系（relations）中较为特殊的一种，纠缠是微观个体之间的纠缠。两个或多个非纠缠的个体可以通过一定的量子操作或量子测量变成量子纠缠，反过来，量子纠缠也可以成为非纠缠。事实上，量子纠缠理论并没有证明事物之间都一定是纠缠的，且纠缠本身是两个或多个个体之间的纠缠，即以承认个体性为前提，这意味着微观事物具有一定的个体性或粒子性。夸克理论、超弦/M理论等说明，个体的思想仍然具有重要意义。从实在论来看，也不能说，关系实在比个体实在更基本、更在先。对于一个多粒子系统来说，它可能既有纠缠态又有分离态。

4. 关于纠缠度与资源问题

对量子纠缠程度的度量就是纠缠度。如果复合系统的各部分是可分离的或非纠缠的，即对于非纠缠态，其纠缠度 $E=0$。各部分局域的幺正变换不改变总系统的纠缠度。因为局域的幺正变换仅改变局部基，而不改变各部分之间的纠缠性质。在相对各部分的局域操作以及由经典通信协调起来的分别对各部分局域地执行的联合操作下，总系统的纠缠度量不增加，因为此时各部分之间的关联是经典的而不是量子纠缠。可见，纠缠度是描述微观事物相关程度的一种度量，具有一定客观性，它由微观事物的整体关联性质决定，而不受局域的幺正变换等影响。量子纠缠的纠缠度是客观的，是一种整体性质。纠缠纯化方法可以用来提高纠缠的品质，因为在粒子的传递过程中，受到环境噪声的影响，纠缠度会降低。这就使得从一个地方将量子态传送到另一个地方成为可能。可见，量子纠缠是一种重要的资源。量子隐形传态表明量子力学的不同资源之间的互换性。不仅量子信息可以传递，而且量子纠缠本身可以交换，从而使得较快消相干、短寿命的粒子转换为更稳定的粒子。这表明量子信息的存储具有可能性。

三、终将到来的量子信息时代

进入21世纪，量子信息已经成为新一轮科技革命和产业变革的主要代表，承载着为全球发展和人类生产生活带来巨大变革的重任。量子信息技术在国家科技竞争、新兴产业培育、国防和经济建设等领域具有重要战略意义，已成为世界主要发达国家及地区如美国、欧盟、日本等优先发展的信息科技和产业高地。

（一）中国：国家重视、"十四五"规划重点部署

中共中央总书记、国家主席、中央军委主席习近平高度重视量子信息技术的研发和发展，多次在重要讲话中强调量子科技发展的重要性和紧迫性。中共中央政治局于2020年10月16日举行了主题为"量子科技研究和应用前景"的第二十四次集体学习。

"十四五"规划在强化国家战略科技力量、发展壮大战略性新兴产业、打造数字经济新优势、促进国防实力和经济实力同步提升等章节均对量子科技做出重点部署和规划。

（二）美国：列入国家战略，实现系列突破

美国在全球最先将量子技术列入国家战略。20世纪90年代，美国政府把量子信息列为"保持国家竞争力"计划的重点项目。美国国防部将量子信息与控制技术列为六大颠覆性研究领域之一。2014年，美国国家航空航天局（NASA）推进建立远距离光纤量子通信干线及拓展到星地量子通信计划。同一年，全球最大的独立科技研发机构美国Battelle公司启动了商业化的广域量子通信网络规划。目前谷歌、微软、IBM都已投入到量子计算机技术研究中，以量子计算机技术研究为突破点，进而延伸到物质科学、生命科学、能源科学领域，并形成规模优势。近年来，美国政府对量子信息研究的资助经费约为每年2亿美元。在2018年，美国国会众议院一致通过《国家量子倡议法案》，以促进美国在量子技术领域的发展。该法案为美国量子技术的发展提供了一个为期10年的发展计划，要求增加量子信息相关领域的研究人员，计划拨出超10亿美元，用于建造10个量子技术的研究机构。

（三）欧盟：联合攻关，共建量子互联

欧盟专门成立了包括法国、德国、意大利、奥地利和西班牙等国在内的量子信息物理学研究网。从欧盟第五研发框架计划（FP5）开始，欧盟就持续对泛欧洲乃至全球的量子通信研究给予重点支持。紧接着，欧盟还陆续发布了《欧洲研究与发展框架规划》、《欧洲量子科学技术》计划以及《欧洲量子信息处理与通信》计划，并在《量子信息处理与通信战略报告》中提出欧洲量子通信的分阶段发展目标。此外，欧盟还部署了总额10亿欧元的量子技术旗舰项目，计划于2030年前建成的泛欧量子安全互联网。2007年至今，欧盟实现了量子漫步、太空和地球之间的信息传输，成立了"基于量子密码的安全通信"工程，推进了量子通信项目建设，在欧洲范围内实现量子技术产业化。

（四）日本：紧跟大势，有所作为

美国和欧盟在量子通信领域的一连串突飞猛进，令日本备感形势紧迫。实际上，日本政府和科技界一贯重视量子科技领域的研发攻关，并将量子技术视为本国占据一定优势的高新科技领域进行重点发展、重点引导。日本于2000年将量子通信列为国家级高技术开发项目，并制定了长达10年的中长期研究计划，将量子通信提升为国家战略。目前日本每年投入2亿美元，规划在5～10年内建成全国性的高速量子通信网。不仅如此，日本的国家情报通信研究机构（NICT）也启动了一个长期支持计划。日本国立信息通信研究院也计划在2020年实现量子中继，到2040年建成极限容量、无条件安全的广域光纤与自由空间量子通信网络。高强度的研发投入，"产官学"联合攻关的方式极大地推进了研究开发，推动了量子通信的关键技术如超高速计算机、光量子传输技术和无法破译的光量子密码技术的攻关和实用化、工程化探索。在量子通信专利申请上也成绩显著，比如NEC、东芝、日本国立信息通信研究院、东京大学、玉川大学、日立、

松下、NTT、三菱、富士通、佳能、JST 等，各大企业和科研机构在量子通信领域的专利申请量居全球领先，专利质量较高，技术水平突出。

量子信息技术是当前世界上最具颠覆性的前沿技术之一，已经成为世界主要国家进行高新技术竞争的重要领域。量子信息技术已经在探测、通信、计算等领域初显身手，同样可以广泛应用于军事等领域，并有可能引起战争、基因领域的重大突变。在不远的将来，量子信息技术极有可能取代电子技术而主导新一轮科技革命，并将迎来量子信息自己的时代。

第三节　量子计算

一、量子计算发展

量子计算是一种遵循量子力学规律调控量子信息单元进行计算的新型计算模式，所以，认识量子计算首先应该从认识量子力学的发展开始。

（一）量子力学的发展

理想黑体可以吸收所有照射到它表面的电磁辐射，并将这些辐射转化为热辐射，其光谱特征仅与该黑体的温度有关，与黑体的材质无关，黑体也是理想的发射体。1859 年，古斯塔夫·基尔霍夫（Gustav Kirchhoff）证明了黑体辐射发射能量 E 只取决于温度 T 和频率 ν，即 $E = J(T, \nu)$（图 2.8）。然而，这个公式中的函数 J 却成为一个物理学挑战。

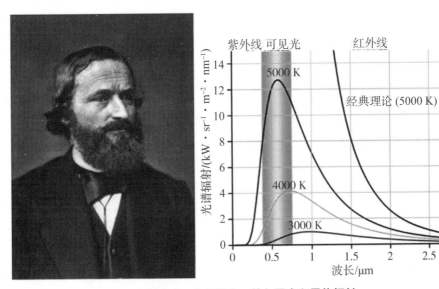

图 2.8　古斯塔夫·基尔霍夫和黑体辐射

　1879 年，约瑟夫·斯特凡（Josef Stefan）通过实验提出，热物体释放的总能量与温度的四次方成正比。1884 年，路德维希·玻尔兹曼（Ludwig Boltzmann）对黑体辐射得出了同样的结论，由于这一结论基于热力学和麦克斯韦电磁理论，后被称为斯特凡－玻尔兹曼（Stefan-Boltzmann）定律。

1896 年，德国物理学家威廉·维恩（Wilhelm Wien）提出了基尔霍夫挑战的解决方案。尽管他的解决方案与实验观察结果非常接近，但是这个公式只有在短波（高频）、温度较低时才与实验结果相符，在长波区域完全不适用。

1900 年，为了解决威廉·维恩提出的维恩近似公式在长波范围内偏差较大的问题，普朗克（Max Planck）应用玻尔兹曼的将连续能量分为单元的技术，提出固定单元大小使之正比于振动频率，这样可以导出精确的黑体辐射光谱，量子化的概念就此诞生（图 2.9）。

图 2.9　普朗克和量子化

1924 年 11 月，德布罗意（Duc de Broglie）写出了一篇题为《量子理论的研究》的博士论文。他认为光量子的静止质量不为零，而像电子等一类实物粒子则具有频率的周期过程，所以在论文中他得出一个石破天惊的结论——任何实物微粒都伴随着一种波动，这种波称为相位波，后人也称之为物质波或德布罗意波（图 2.10）。

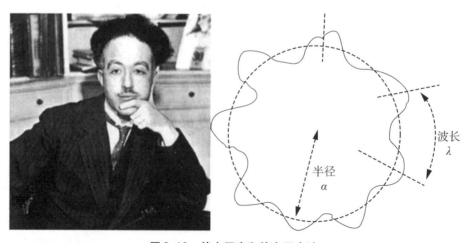

图 2.10　德布罗意和德布罗意波

1926 年薛定谔一连发表了 6 篇论文，其中 4 篇都用一个题目《作为本征值问题的量子化》。这些论文极大地发展了德布罗意的物质波思想，加深了对微观客体的波粒二象性的理解，为数学上解决原子物理学、核物理学、固体物理学和分子物理学问题提供了一种方便而适用的基础，波动力学就这样诞生了。

1926 年 3 月，薛定谔发现，波动力学和矩阵力学在数学上是完全等价的。同时，泡利等人也独立地发现了这种等价性。由于这两种理论所研究的对象是一样的，所得到的结果又是完全一致的，只不过着眼点和处理方法各不相同，因此，这两种理论就通称为量子力学。薛定谔波动方程通常作为量子力学的基本方程，这个方程在微观物理学中的地位就像牛顿运动定律在经典物理学中的地位一样。

（二）量子计算的发展

类似经典计算之于宏观物理的关系，量子计算同样也与微观物理有着千丝万缕的联系。在微观物理中，量子力学衍生了量子信息科学。量子信息科学是以量子力学为基础，把量子系统"状态"所带的物理信息进行信息编码、计算和传输的全新技术。在量子信息科学中，量子比特（qubit）是其信息载体，对应经典信息里的 0 和 1，量子比特两个可能的状态一般表示为 $|0\rangle$ 和 $|1\rangle$。在二维复向量空间中，$|0\rangle$ 和 $|1\rangle$ 作为单位向量，构成了这个向量，空间的一组标准正交基，量子比特的状态是用一个叠加态表示的，如 $|\psi\rangle = a|0\rangle + b|1\rangle$，而且测量结果为 $|0\rangle$ 态的概率是 a^2，得到 $|1\rangle$ 态的概率是 b^2。这说明一个量子比特能够处于既不是 $|0\rangle$ 又不是 $|1\rangle$ 的状态上，而处于该向量之和的一个线性组合的所谓中间状态之上。经典信息可表示为 0110010110…，而量子信息可表示为 $|\psi 1\rangle|\psi 2\rangle|\psi 3\rangle|\psi 4\rangle|\psi 5\rangle…$

一个经典的二进制存储器只能存一个数：要么存 0，要么存 1；但一个二进制量子存储器却可以同时存储 0 和 1 这两个数。两个经典二进制存储器只能存储以下四个数中的一个数：00、01、10 或 11；倘若使用两个二进制量子存储器，则以上四个数可以同时被存储下来。按此规律，推广到 N 个二进制存储器的情况，理论上，n 个量子存储器与 n 个经典存储器分别能够存 2^n 个数和 1 个数。

由此可见，量子存储器的存储能力是呈指数增长的，它与经典存储器相比，具有更强大的存储数据的能力，尤其是当 n 很大时（如 $n = 250$），量子存储器能够存储的数据量比宇宙中所有原子的数目还要多。量子信息技术内容广泛，由于它是量子力学与信息科学的一个交叉学科，所以它有很多分支，最主要的两支为量子通信和量子计算（图 2.11）。量子通信主要研究量子介质的信息传递功能，是一种通信技术，而量子计算则主要研究量子计算机和适合于量子计算机的量子算法。由于这个量子计算分支具有巨大的潜在应用价值和重大的科学意义，因而获得了世界各国的广泛关注和研究。

图 2.11　量子信息科学

业界普遍认为，量子计算的真正发展源自诺贝尔奖获得者费曼（Richard Feynman）（图 2.12）在 1982 年一次公开演讲中提出的两个问题：

图 2.12　理查德·费曼

（1）经典计算机是否能够有效地模拟量子系统？

虽然在量子理论中，仍用微分方程来描述量子系统的演化，但变量的数目却远远多于经典物理系统。所以费曼针对这个问题的结论是：不可能，因为目前没有任何可行的方法，可以求解出这么多变量的微分方程。

（2）如果放弃经典的图灵机模型，是否可以做得更好？

费曼提出，如果拓展一下计算机的工作方式，不使用逻辑门来建造计算机，而是一些其他的东西，比如分子和原子；如果使用这些量子材料，它们具有非常奇异的性质，尤其是波粒二象性，是否能建造出模拟量子系统的计算机？于是他提出了这个问题并做了一些验证性实验，然后他推测，这个想法也许可以实现。由此，基于量子力学的新型计算机的研究被提上了科学发展的历程。

此后，计算机科学家们一直在努力攻克这一艰巨挑战。顺应时代发展的趋势，在 20 世纪 90 年代，量子计算机的算法发展取得了巨大的进步：

1992 年，Deutsch 和 Jozsa 提出了 D-J 量子算法，开启了如今量子计算飞速发展的大幕。

1994 年，Peter Shor 提出了 Shor 算法，这一算法在大数分解方面比目前已知的最有效的经典质因数分解算法快得多，因此对 RSA 加密极具威胁性，该算法带来巨大影响力的同时也进一步坚定了科学家们发展量子计算机的决心。

1996 年，Lov Grover 提出了 Grover 量子搜索算法，该算法被公认为继 Shor 算法后的第二大算法。

1998 年，Bernhard Omer 提出量子计算编程语言，拉开了量子计算机可编程的帷幕。

2009 年，MIT 三位科学家联合开发了一种求解线性方程组的 HHL 量子算法。众所周知，线性方程组是很多科学和工程领域的核心，由于 HHL 算法在特定条件下实现了相较于经典算法有指数加速效果，这是未来能够在机器学习、人工智能科技得以突破的关键性技术。

自 2010 年以后，在量子计算软硬件方面，各大研究公司均有不同程度的突破。

2013 年，加拿大 D-Wave 系统公司发布了 512Q 的量子计算设备。

2016 年，IBM 发布了 6 量子比特的可编程的量子计算机。

2018 年初，Intel 和 Google 分别测试了 49 位和 72 位量子芯片。

2019 年 1 月，IBM 发布了世界上第一台独立的量子计算机 IBM Q System One。

二、什么是量子计算机

量子计算机（quantum computer）是一类遵循量子力学规律进行高速数学和逻辑运算、存储及处理量子信息的物理装置。当某个装置处理和计算的是量子信息，运行的是量子算法时，它就是量子计算机。量子计算机的概念源于对可逆计算机的研究。研究可逆计算机的目的是为了解决计算机中的能耗问题。

量子计算机的性能远远胜于传统计算机，优势是指数级的。量子计算机应用的是量子比特，可以同时处在多个状态，而不像传统计算机那样只能处于 0 或 1 的二进制状态。建造一台量子计算机，关键问题是防止量子系统退相干。如果一台量子计算机由于它与周围环境不可避免地相互作用而发生退相干，那么它就变成了一台传统计算机。量子计算机的特点主要有运行速度较快、处置信息能力较强、应用范围较广等。与一般计算机比较起来，信息处理量愈多，对于量子计算机实施运算也就愈加有利，也就更能确保运算具备精准性。

量子计算机最早由理查德·费曼提出，一开始是从物理现象的模拟而来的。可理查德·费曼发现，当模拟量子现象时，因为庞大的希尔伯特空间使资料量也变得庞大，一个完好的模拟所需的运算时间变得相当长，甚至是不切实际的天文数字。他当时就想到，如果用量子系统构成的计算机来模拟量子现象，则运算时间可大幅度减少。量子计算机的概念从此诞生。基于量子物理学的计算机，相对于基于经典物理学的计算机来说，将在微处理器方面发生革命性的变化，这是一种通过原子分裂技术来进行计算的模式。

20 世纪六七十年代，人们发现能耗会导致计算机中的芯片发热，从而极大地影响芯片的集成度，并限制了计算机的运行速度。研究发现，能耗来源于计算过程中的不可逆操作。那么，是否计算过程必须要用不可逆操作才能完成呢？问题的答案是：所有经典计算机都可以找到一种对应的可逆计算机，而且不影响运算能力。既然计算机中的每一步操作都可以改造为可逆操作,那么,在量子力学中,它就可以用一个幺正变换来表示。早期的量子计算机实际上是用量子力学语言描述的经典计算机,并没有用到量子力学的本质特性,如量子态的叠加性和相干性。在经典计算机中,基本信息单位为比特,运算对象是各种比特序列。与此类似,在量子计算机中,基本信息单位是量子比特,运算对象是量子比特序列。所不同的是,量子比特序列不但可以处于各种正交态的叠加态上,而且还可以处于纠缠态上。这些特殊的量子态不仅提供了量子并行计算的可能,而且还将带来许多奇妙的性质。与经典计算机不同,量子计算机可以做任意的幺正变换,在得到输出态后,进行测量得出计算结果。因此,量子计算对经典计算作了极大的扩充,在数学形式上,经典计算可看作是一类特殊的量子计算。量子计算机对每一个叠加分量进行变换,所有这些变换同时完成,并按一定的概率幅叠加起来,给出结果,这种计算称作量子并行计算。除了进行并行计算外,量子计算机的另一重要用途是模拟量子系统,这项工作是经典计算机无法胜任的。

1994 年,贝尔实验室的专家彼得·秀尔(Peter Shor)证明量子计算机能做出离散数运算,而且速度远胜传统计算机。这是因为量子不像半导体只能记录 0 与 1,而是可以同时表示多种状态。如果把半导体计算机比成单一乐器,量子计算机就像交响乐团,一次运算可以处理多种不同状况。因此,一个 40 位元的量子计算机,就能解开 1024 位元的电子计算机数十年才能解决的问题。

1997 年,奥地利塞林格教授研究小组在国际上首次实现单一自由度量子隐形传态的实验验证。

2004 年,潘建伟团队演示了终端开放的量子隐形传态。2006 年,该团队实现了两光子复合系统的量子隐形传态。2015 年,团队实现了单光子多自由度的量子隐形传态。2017 年,基于墨子号量子科学实验卫星,团队将量子隐形传态的距离推进至千公里量级。

2013 年,东京大学应用物理系的古泽彰教授和同事成功地实现了完美的量子隐形传态,但需要一套占地数平方米的设备,这套设备需要数月制造且无法升级。2015 年 3 月,由英国布里斯托大学量子光学中心负责人杰里米·奥布赖恩领导的最新实验摒弃了这些光学电路,使用先进的纳米构造技术,将其功能集成在一个面积仅为 0.0001m^2 的微型硅芯片上。这是科学家们首次在一个硅芯片上展示量子隐形传态,而且研究表明,新的系统能够升级。研究人员表示,最新研究成果朝着最终将量子计算机集成为一块光学芯片的目标迈出了关键的一步,这为科学家最终制造出超高速的量子计算机和超安全的量子通信铺平了道路。

如果一个量子计算机能够组建成 50 个量子比特,当今世界前 500 名的超级计算机全部加起来,功能都无法胜过它。研究人员认为,能计算数百量子位的计算机可能在 5~10 年内出现,量子计算机可以用来破解当今最复杂的加密方式,或者搜索数量难以想象的数据。

近年来的种种试验表明,量子计算机的计算能力和分析能力都超越了经典计算机。它具有如此优越的性能正在于它的存储读取方式量子化。与经典计算机相比,量子计算机的优点在于:

（1）存储量大。经典计算机由 0 或 l 的二进制数据位存储数据，而量子计算机可以用自旋或者二能级态构造量子计算机中的数据位，即量子位。不同于经典计算机的在 0 与 1 之间必取其一，量子位可以是 0 或者 1，也可以是 0 和 1 的叠加态。因此，量子计算机的 n 个量子位可以同时存储 2^n 个数据，远高于经典计算机的单个存储能力。另外，量子计算机可以同时进行多个读取和计算，远优于经典计算机的单次计算能力。量子计算机的存储读取特性使其具有存储量大的优点。

（2）可以实现量子平行态。由量子力学原理可知，如果体系的波函数不能是构成该体系的粒子的波函数的乘积，则该体系的状态就处在一个纠缠态，即体系粒子的状态是相互纠缠在一起的。由于量子纠缠态之间的关联效应不受任何局域性假设限制，因此，对两个处在纠缠态的粒子而言，不管它们相距有多么遥远，对其中一个粒子进行作用，必然会同时影响到另外一个粒子。正是由于量子纠缠态之间的神奇的关联效应，使得量子计算机可以利用纠缠机制，实现量子平行算法，从而可以大大减少操作次数。

（3）对一些问题，量子计算机具有经典计算机无法比拟的计算速度。

目前，计算机科学家们正面临着的十大任务挑战包括：计算复杂度问题、通信复杂度问题、离散函数求解、通道传输能力问题、复制保护问题、密匙分布问题、文电鉴别、数字式签字、密匙共享以及游戏。理论上已证明，如果仅仅依靠经典计算机，即使采用世界上最先进的机器，采用所知的最好的算法去处理这些任务，都是非常困难的。量子计算机的采用将使得大部分任务可望得到解决。

（4）量子计算机是可逆机。量子计算机的逻辑门运算是可逆的，即可以在运算过程中不删除信息。这就使经典（不可逆）计算机中必然出现的能量耗费在量子计算机中得以消除或减弱，使计算机的效益大幅度提高。

三、量子霸权

20 世纪 80 年代，费曼提出量子计算的概念。90 年代，科学家们发明了一批重要的量子算法，在理论上发现量子计算拥有经典计算无法比拟的超强计算能力。人们开始意识到，量子计算机将是 IT 领域的"屠龙刀"，一旦实现，将超越经典计算的极限。美国加州理工学院物理学家 John Preskill 将这种超越所有经典计算机的计算能力起名为"量子霸权（quantum supremacy）"。

实现量子霸权，代表着超越经典的量子计算能力从理论走进实验，标志着一个新的计算能力飞跃时代的开始。

到目前为止，科学家仍未成功打造出能够展示量子霸权的实际量子装置。2010 年，MIT 科学家 Scott Aaronson 提出了可用于展示量子霸权的玻色采样问题。

玻色采样是一种针对光子玻色系统的量子霸权测试案例。理论上，经典计算机求解玻色采样需要指数量级计算时间，而量子计算只需要多项式量级计算时间。与此同时，相比通用量子计算，玻色采样更容易实现。

国防科技大学吴俊杰团队与上海交通大学金贤敏合作，在国际上最先开启了玻色采样问题称霸标准的研究。2018 年 9 月，《国家科学评论》在线发表了吴俊杰、金贤敏等人的研究成果，报道了玻色采样案例的称霸标准。该项研究中，吴俊杰团队与金贤敏在

"天河二号"超级计算机上完成了玻色采样问题的核心难题——积和式的求解。实际测试的问题规模达到48个光子，并推断出"天河二号"模拟50个光子的玻色采样需要约100分钟。也就是说，一旦实际的量子物理装置实现了每组样本100分钟以内50光子的玻色采样，就在求解这个问题上超过了"天河二号"，实现了量子霸权①（图2.13）。

$$\Pr[S\to T] = \frac{|\mathrm{Per}(U_{S,T})|^2}{s_1!\dots s_m!t_1!\dots t_m!}$$

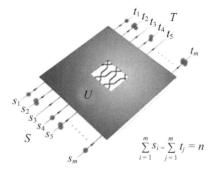

$$\sum_{i=1}^{m} s_i = \sum_{j=1}^{m} t_j = n$$

（a）天河二号超级计算机计算积和式　　（b）光量子系统通过采样输出光子
　　　　　　　　　　　　　　　　　　　　　　直接完成玻色采样

图2.13　实现玻色采样的计算任务

2019年9月20日，有多家英媒披露，科技巨头谷歌（Google）的一份内部研究报告显示，其研发的量子计算机成功在3分20秒内，完成了传统计算机需1万年时间才能处理的问题，并声称是全球首次实现"量子霸权"。据报道，该报告指出，谷歌研究人员架设出53量子位的量子计算机，并以"悬铃木"为代号。"悬铃木"量子计算机所进行的运算，是要证明一个随机数字生成器符合"随机"的标准。按报告所指，即使是现存最先进的传统超级计算机"Summit"，对量子电路的一个实例取样100万次，亦需1万年时间处理，但"悬铃木"仅需200秒便完成运算。

2020年12月4日，中国科学技术大学宣布，该校潘建伟等人成功构建76个光子的量子计算原型机"九章"（图2.14）。实验显示，"九章"对经典数学算法高斯玻色取样的计算速度，比目前世界最快的超算"富岳"快100万亿倍，从而在全球第二个实现了"量子霸权"，推动了全球量子计算前沿研究达到一个新高度，并且其超强算力在图论、机器学习、量子化学等领域也具有潜在应用价值。当求解5000万个样本的高斯玻色取样问题时，"九章"需200秒，"富岳"需6亿年；当求解100亿个样本时，"九章"需10小时，而"富岳"需1200亿年②。

① 潘建伟等：《中国科学家实现"量子计算优越性"》，《科学》，2020，370（6523）：1460－1463。

② 吴俊杰、刘勇、张百达，等：《天河二号超级计算机玻色子抽样的基准测试》，《国家科学评论》，2018，5（5）：715－720。

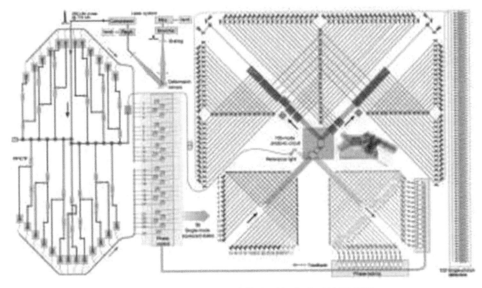

图2.14 "九章"量子计算原型机光路系统原理图

左上方激光系统产生高峰值功率飞秒脉冲；左方25个光源通过参量下转换过程产生50路单模压缩态输入到右方100模式光量子干涉网络；最后利用100个高效率超导单光子探测器对干涉仪输出光量子态进行探测。

第四节 量子通信

一、量子通信到底是不是通信？

随着学者们在量子领域的不断深耕，量子计算与量子通信逐渐变成国际科学研究的热门课题。那么量子通信到底是不是通信呢？答案是肯定的。

量子通信是利用量子相干叠加、量子纠缠效应进行信息传递的一种新型通信技术，由量子论和信息论相结合而产生[1]。从物理学角度看，量子通信是在物理极限下利用量子效应现象完成的高性能通信，从物理原理上确保通信的绝对安全，解决了通信技术无法解决的问题，是一种全新的通信方式[2]。从信息学角度看，量子通信是利用量子不可克隆或者量子隐形传输等量子特性，借助量子测量的方法实现两地之间的信息数据传输。量子通信中传输的不是经典信息，而是量子态携带的量子信息，是未来通信技术的重要发展方向。量子通信系统原理如图2.15所示。

---

① 徐启建、金鑫、徐晓帆：《量子通信技术发展现状及应用前景分析》，《中国电子科学研究院学报》，2009，4（5）：491-497.。

② 陈晖、朱甫臣：《一次量子通信QKD和QA协议》，《通信技术》，2003，6（6）：1-5.

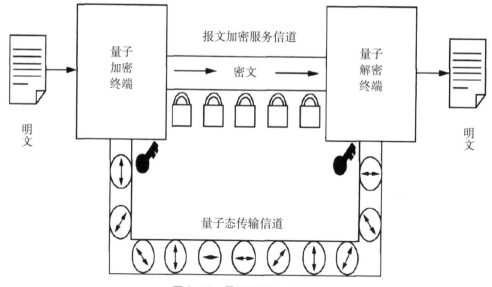

图 2.15　量子通信系统原理

（一）量子通信的发展历程

量子通信的研究发展起步于 20 世纪 80 年代。1969 年，美国哥伦比亚大学 Wiesner 提出采用量子力学理论保护信息安全的设想。1979 年，美国 IBM 公司的 Bennett 和加拿大蒙特利尔大学的 Brassard 提出了将 Wiesner 的设想用于通信传输的构想。1981 年，费曼提出了传输量子信息的假设，确立了量子信息论的开端。1982 年，法国艾伦·爱斯派克特通过实验证实了微观粒子存在"量子纠缠"现象。1984 年，Bennett 和 Brassard 提出了量子密钥分发（QKD）的概念和第一个量子密钥分发协议（BB84 协议），标志着量子通信理论的诞生。1989 年，通过自由空间信道，完成了量子通信的第一个演示性实验，通信距离为 32cm。1992 年，Bennett 提出了基于两个非正交量子态的量子密钥分发协议，被称为 B92 协议。

1993 年，Bennett 首次正式提出量子通信概念。同年，6 位不同国家的科学家利用经典信道与量子纠缠相结合的方法，设计出了量子隐形传态方案。1997 年，奥地利蔡林格小组首次完成室内量子态隐形传输的原理性实验验证；2004 年，该小组通过光纤信道，实现量子态隐形传输 600 m。2007 年 6 月，欧洲科学家根据 BB84 方案，通过卫星进行量子通信测试，通信距离达 144 km。2008 年，意大利和奥地利科学家首次识别出从地球上空 1500 km 处的人造卫星上反弹回地球的单批光子，实现了太空量子保密通信的重大突破。2012 年，中国和奥地利科学家分别实现了百千米量级的量子隐形传态，为星地间量子通信技术研究奠定了坚实基础。

（二）量子通信的特点与优势

与传统通信相对比，量子通信拥有巨大的优势：

（1）在量子通信中通信双方密码被破译几乎是不可能的，因此其具有更好的安全性。

（2）量子通信大量采用量子信道，使通信过程可以避免很多经典信道存在的弊端，具有更好的抗干扰能力，同时也大大提高了通信效率。

（3）根据量子不可克隆定理，量子信息一经检测就会产生不可还原的改变，如果量子信息在传输中途被窃取，接收者必定能发现，因此保密性能好。

（4）量子通信没有电磁辐射，第三方无法进行无线监听或探测，隐蔽性能好。

（5）同等条件下，获得可靠通信所需的信噪比比传统通信手段低 30～40 dB。

（6）量子通信与传播媒介无关，传输不会被任何障碍阻隔，量子隐形传态通信还能穿越大气层。因此，量子通信应用广泛，既可在太空中通信，又可在海底通信，还可在光纤等介质中通信。

（三）量子通信技术的分类及原理

量子通信技术的通信形式主要有量子隐形传输和量子密码通信。量子密码通信技术目前已经步入实用化。此种传输原理并不需要传输介质的参与，只是通过转移粒子状态来传递通信信息。量子隐形传送原理如图 2.16 所示。首先对具有量子纠缠效应的量子进行制备，分别记为 A 和 B。当信息存储在 A 和 B 中时，包含相关信息的量子 C 与 A 一起被测量，从而改变了 A 和 B 的状态。采用逆测量方法对量子 D 和 B 进行测量，得到量子中的全部通信信息。但是因为单量子状态极易损耗光纤信道且价格昂贵，因此量子隐形传送技术未得到充分研究。

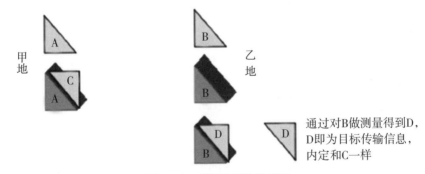

图 2.16　量子隐形传送原理

量子密码通信：是以量子的状态化信息作为密钥[①]。一般来说，量子密码通信通过信号收发器甲发送特定状态的通信量子，接收端乙使用激光接收器接收通信量子并保存。量子 A 和 B 对通信量子的状态进行验证，以提高通信的安全性。如果发现量子状态被改变则立即改变量子状态，如图 2.17 所示。

---

① 李茹、翟书颖、保慧琴：《VS-NLMS-OCF 算法在信道均衡中的应用》，《科技经济导刊》，2018，26（15）：3－4；李茹、翟书颖、李波：《一种面向直接迭代误差的 NLMS-OCF 算法研究》，《微处理机》，2018，39（3）：33－36。

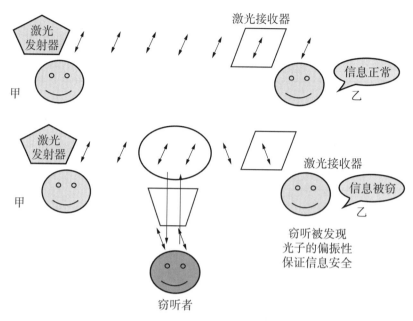

图 2.17 量子密码通信原理

（四）量子通信技术发展中存在的问题

虽然量子通信对比传统通信有明显的优势，量子通信的研究也逐渐取得突破性的进展，但其发展也存在一些不可忽视的问题，具体表现如下。

1. 单光子分离攻击问题

光的最小单位为光子，光子具有不可分离的特性，当前所采用的传统通信技术中应用弱相干光源技术，包含多种光子。量子通信技术系统的主要功能为量子密码通道、量子远程传输以及量子密码编辑等。对于单光子光源技术，是不可以分离的，虽然通道消耗较大，但是能够保证信息传输安全性。但是，对于弱相干光源技术就具有一定的安全隐患，如果保护不当可能会出现信息泄露的问题，主要是因为可以通过光子分离攻击虚假的量子通信信道，从而获取量子信息和密钥，在该过程中信息可能会被第三方获取。这是当前量子通信技术领域尚未完全解决的问题。该问题与上文所述并不冲突，因为量子通信技术在理想状态下，信息传递过程中一旦被第三方获取就会被信息接收方感知，但是受当前技术水平的限制，采用单光子分离攻击能够获取一定的信息，所以需要针对该安全问题进行创新和优化，才能够全面提升量子通信技术信息传输的安全性。

2. 木马攻击和侧信道共计问题

在采用量子通信技术进行信息传输的过程中，量子密码编码技术具有关键性作用，信号源和信号接收器会受到来自木马病毒的攻击，从而产生信息泄露的问题。在信息传输过程中，采用侧信道攻击、光能部件高能破坏攻击以及大脉冲攻击等方式，会对量子信息产生很大影响，从而出现信息泄露或密钥泄露的问题。

3. 探测效率较低的问题

按照当前量子通信技术发展的基本情况来看，量子测量主要包括正定测量、投影测量以及通用测量三种不同技术方法，在应用过程中，需要利用其他设备和被测量量子之间的相互协作完成信息测量基本流程。量子探测测量过程会对信道中的量子传输状态产生较大影响，从而引起信道测量结果出现偏差。此外，量子在信道中会处于相对统一的状态，在测量过程中会受到弱相干光源的影响，从而导致信道中量子种类出现较大差异，进而会导致量子信道出现塌缩问题，无法保证量子探测测量结果的准确性，且综合探测测量效率较低，会对量子通信技术的应用效果产生很大影响。

（五）量子通信的发展前景

量子通信的发展虽然面临着许多技术问题，但不可否认的是量子通信技术的前景是非常广阔的，必然会对将来的社会发展起到极大的促进作用，是未来通信技术的主要研究方向。根据现阶段量子通信技术发展的现状及我国的国情需要，量子通信的发展前景主要体现在以下几个方面。

1. 军事领域的技术应用

在军事领域，量子通信技术在通信安全方面会有较大的发展空间，这是由量子通信技术的绝对通信安全性质所决定的。这种特性已经被各国和各地区广泛认可，在今后的一段时期内有可能被大范围推广并应用到军事技术中，以有力地保证军事安全及国家信息安全。量子通信的另一个特性是在区域之间传送信息的快速性和准确性，这种特性保证了信息传送中的及时准确。根据这些特性，不难判断将来的量子通信一定会在军事通信领域取得跨越式的突破和发展。

2. 量子信息是国家储存重要信息的安全载体

重要信息的储存不仅需要安全性能，还需要较大的存储空间，量子信息存储可以满足这一要求和标准。因此，我们可以将国家的重要信息及文件存储到量子信息库中，并以独有的密钥，保证其安全性。量子信息与网络相结合，成为新型的网络构架，特别是量子通信技术的大容量信息传送和高效快速的性能，非常符合我国当下大数据的时代特征。

量子通信是目前量子物理与信息科学的研究热点。可以预见，随着技术的发展和人们对信息安全的日益重视，它的应用会越来越广，并在某些领域取代传统的保密通信。与此同时，我们也要对它的发展持客观理性的态度。只要我们理解了量子通信的工作原理和技术特点，就会对它的应用价值和未来发展趋势作出正确的判断。

二、量子密钥分发

（一）量子密钥分发的基本概念

量子密钥分发（quantum key distribution，QKD）是量子通信技术中实际应用最为广泛的成熟的技术，利用量子的物理特性进行量子密钥分发具有高度安全性。QKD 是通信双方通过制备、传输和测量量子态实现信息论安全的密钥分发过程，可以使合法的发送方与接收方共享具有信息论安全性的对称密钥。QKD 技术利用了量子物理学的海森堡测不准原理和量子不可克隆定理。其中，海森堡测不准原理保证了窃听者在不知道发送方编码基的情况下无法准确测量所获得的量子态的信息；量子不可克隆定理则保证了窃听者即使在得知编码基进行测量后也无法复制相同的量子态,使得窃听必然造成明显的误码,从而使通信双方能够察觉出窃听者的存在。QKD 在发送方与接收方之间生成的密钥可以与对称密钥算法结合使用,完成经典信息加密和安全传输,该过程通常称为量子保密通信。QKD 解决了信息通信系统在量子攻击情况下安全性最薄弱的环节,即密钥分发环节。将 QKD 与具有信息论安全性的 OTP 算法和 Wegman-Carter 算法结合,可以实现一个理论上无条件安全的信息通信系统。由于 OTP 算法和 Wegman-Carter 算法的实用化水平较低,目前将 QKD 与 AES 算法和 SHA 算法结合,也可以实现一个高度安全的抗量子攻击的信息通信系统。

(二) 量子密钥分发的工作原理

与信息通信系统常用的安全保密技术(即基于公钥密码算法和对称密钥算法分别完成密钥分发和数据加密)相比,QKD 的不同之处在于利用量子物理学原理在发送方与接收方之间分发具有信息论安全性的对称密钥,相似之处在于分发的密钥也可以与对称密钥算法相结合用于数据加密。量子密钥分发工作原理如图 2.18 所示。QKD 的基本元件是 QKD 终端(包含发送端和接收端),以及连接发送端和接收端的 QKD 信道。QKD 终端通常也称为 QKD 设备,它在规定的安全范围内封装了用于实现 QKD 的硬件和软件。QKD 信道通常由量子信道和经典信道组成,其中经典信道根据实现功能的不同可以分为同步信道和协商信道。量子信道用于传输量子信号,量子信号是由经典信息编码的量子态组成的。经典信道用于传输经典信号,以实现发送端与接收端之间的同步和密钥协商。如果一个窃听者从量子信道中窃听了一部分量子态,那么这些量子态将不会被用于分发密钥,因为接收端不会接收到它们。另外,该窃听者可能测量并复制这些量子态发送给接收端,但是量子不可克隆定理保证了复制的量子态将不可避免地发生改变,从而产生明显的误码。因此,对 QKD 过程的任何潜在窃听都可以被检测到。通过 QKD 信道连接的 QKD 发送端和接收端按照特定的 QKD 协议,可以执行一组流程以在 QKD 发送端与接收端之间建立共享的对称密钥。

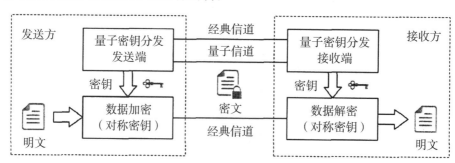

图 2.18　QKD 工作原理

(三) 量子密钥分发的技术发展现状

和传统密钥分发技术相比,量子密钥分发技术最大的优势在于其自身的安全性。量子密钥分发技术的安全性是传统密钥分发技术无法比拟和替代的。与此同时,随着国家对信息安全的不断重视、国家自主创新政策的进一步推出以及在安全设备国产化这一大背景驱动下，未来量子密钥分发技术会在各行业得到广泛推广和使用。

传统的加解密体系主要依赖于计算的高复杂度，破解者在有限的时间内无法完成密钥破解，以此达到保证通信安全的目的。当计算能力提升到足够强大时，依赖于高计算复杂度的加密算法理论上都可能会被破解。香农提出的"一次一密"加密方法理论上可以实现无条件的安全，但"一次一密"的实现需要大量的密钥，而密钥在分发或协商的过程中存在被窃取的可能。如何解决密钥分发的问题成为实现无条件安全的一个至关重要的问题，而子密钥分发技术的发展为解决"一次一密"中的密钥分发问题提供了一个有效的途径，为此，量子通信技术得到了前所未有的重视和关注。

量子密钥分发技术是量子通信的实现方式之一，利用量子力学将一个真随机数密码本安全地分配给通信双方，为后续加解密使用。在量子密钥分发过程中，密钥的生成采用单光子的状态作为信息载体来实现，因为光量子具有不可分割且量子态无法复制的特性，即使窃听者使用先进的窃听方式，光量子在量子信道传输过程中也无法被破译和窃听，从而确保了量子密钥分发的安全性。

作为一种新兴技术，量子密钥分发技术刚刚进入商用化阶段，量子密钥当前最普遍、最成熟的应用场景是利用量子密钥实现网络层加解密。通过专用量子加解密设备和量子设备对接，专用量子加解密设备可以直接从量子设备获取量子密钥，从而对业务报文进行网络层加解密。该场景下只能通过专用量子加解密设备来调用量子密钥，但无法直接对量子密钥进行管理和调度，存在着应用场景单一、不能满足量子密钥灵活使用的问题，这也限制了量子密钥分发技术的进一步推广和使用。

三、量子隐形传态

量子通信可按其所传输的信息为经典信息还是量子信息分为两类。传输经典信息的量子通信主要有两种方式：量子密钥分发、量子安全直接通信（quantum secure direct communication，QSDC）。传输量子信息的量子通信方式主要是量子隐形传态（quantum teleportation），它是量子通信领域中最引人注目的方向之一[①]。

1931 年，Charles H. Fort 在他的小说 *LO!*（参见图2.19）中创造了"teleportation"（隐形传态）一词。从那以后，很多电影科幻小说、游戏、电视剧都用该词来代表这样的过程：物质或能量从一点瞬间传到另一点，而并没有实际穿梭通过两点间的物理空间。后来，随着《星际迷航》系列电视剧的热播，"隐形传态"这一概念更是深入人心。虽然宏观物体的"隐形传态"是个遥不可及的梦，但在

图 2.19　*LO!*

---

① 叶俊：《量子通信中的量子隐形传态技术研究》，华中科技大学博士学位论文，2007。

1993 年，Bennett 等四个国家的六位科学家发表了一篇题为"由经典和 EPR 通道传送未知量子态"的论文，可以将一个微观粒子的量子态传递到遥远处的另一个微观粒子上。因为该方案和隐形传态有一些共同特点，所以被称为"量子隐形传态"，开创了研究量子隐形传态的先河，也因此激发了人们对量子隐形传态的研究兴趣，由此引出了量子通信的一个新方向。

量子隐形传态是一种利用量子信道传输量子态的通信方式，通俗来讲就是：将甲地的某一粒子的未知量子态在乙地的另一粒子上还原出来。因为量子力学的不确定性原理和量子态不可克隆定理，原量子态的所有信息无法精确地全部提取出来，因此必须将原量子态的所有信息分为经典信息和量子信息两部分，它们分别由经典通道和量子通道送到乙地，然后根据这些信息，在乙地构造出原量子态的全貌。在量子隐形传态的方案中，并不会对量子系统中的粒子本身进行传送，而是将信息通过编码技术加载到粒子的量子态上，使量子态成为信息载体，通过以量子纠缠对组成量子通道，完成量子态的传送。根据上一章的量子力学原理，在理论上完成了不可被窃听的一种量子秘密通信。

（一）量子隐形传态的基本原理

要实现量子隐形传态，首先要求接收方和发送方拥有一对共享的 EPR 对［即 Bell 态（贝尔态）］，发送方对他所拥有的一半 EPR 对和所要发送的信息所在的粒子进行联合测量，这样接收方所有的另一半 EPR 对将在瞬间坍缩为另一状态（具体坍缩为哪一状态取决于发送方的不同测量结果）。发送方将测量结果通过经典信道传送给接收方，接收方根据这条信息对自己所拥有的另一半 EPR 对做相应幺正变换即可恢复原本信息。

与广为传言的说法不同，量子隐形传态需要借助经典信道才能实现，因此并不能实现超光速通信。在这个过程中，原物始终留在发送者处，被传送的仅仅是原物的量子态，而且发送者对这个量子态始终一无所知；接受者是将别的物质单元（如粒子）制备成为与原物完全相同的量子态，他对这个量子态也始终一无所知；原物的量子态在测量时已被破坏掉——不违背"量子不可克隆定理"；未知量子态（量子比特）的这种传送，需要经典信道传送经典信息（即发送者的测量结果），因而传送速度不可能超过光速——不违背相对论的原理。

量子隐形传态的基本原理如图 2.20 所示。

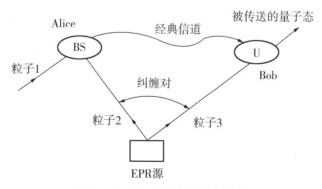

图 2.20　量子隐形传态基本原理

（二）量子隐形传态的研究进展

1. 理论研究方面的进展

（1）同一种粒子间的量子隐形传态理论。自本纳特（C. H. Bennett）提出分离变量量子隐形传态的理论方案以来，该理论得到了很大完善与发展。1994 年，L. Vaidman 在 *Phys. Rev. Lett* 上首次提出了连续变量的量子隐形传态理论。1998 年，J. Kimble 和 S. Braunstein 利用双模压缩真空态光场的正交分量作为量子隐形传态理论的量子通道，再一次扩展了 Vaidman 的连续变量量子隐形传态的理论分析。同年，物理学家 S. Zubairy 在"Quantum teleportation of a field of state"中首次介绍了把 N 个 Fork 态相互叠加的量子态作为量子纠缠源的场的量子隐形传态，与此同时，P. Bardroff 等人在"Teleportation of N-dimentional states"中分析并总结了多维量子态系统中量子隐形传态的理论方案[①]。

（2）不同粒子间的量子隐形传态理论。D. Lidar 等人在"How to teleport superposition of chiral amplitudes"中首次阐述了不同种粒子间的量子隐形传态方案，其主体思想是将分子叠加态的信息传递给一个光子。B. Crosignani 与 P. Porto 等人分析了不同粒子间量子态的隐形传态和与其对应的可行性实验。R. Cleve 等人在"Teleportation as a quantum computation"中论述了量子隐形传态理论是实现量子计算的基本要素，并指出了一些简单而又实际的例子。

2. 实验方面的进展

伴随着量子隐形传态理论方案的不断提出和扩展，相应的实验上的研究也取得丰硕的成果。1984 年，Bennett 和 Brassard 在前人的基础上，共同合作提出了 BB84 协定，这是依靠量子力学原理实现了的安全通信的第一个量子秘钥协定，为量子隐形传态（quantum teleportotion，QT）的发现与提出奠定了坚实的基础。1997 年底，*Nature* 杂志上报道了首个成功的 QT 实验，奥地利科学家 Zeilinger 通过大量的理论研究，在实验上积极探索，成功地做出了量子隐形传态的实验，极大地推动了量子隐形传态在实验上的研究和发展，在整个物理学术界引起轰动。该实验成为量子通信实验上的里程碑[②]。

在国内，潘建伟研究团队，在"自由量子态隐形传输"以及远距离 QT 的实验上取得重大突破。2003 年 2 月在 *Nature* 上发表了《自由量子态隐形传输》的论文，提出适当降低被传输量子态的亮度，可在不破坏被传输态的条件下成功传输量子态，从而解决了实验中实现量子态隐形传输的同时，无法破解被传输的量子态遭破坏的问题。这一成果在和其他技术条件结合后，可以从根本上解决远距离量子通信中遇到的技术难题，并极大地推动了量子计算的实验研究。2010 年，潘建伟团队在远距离 QT 的实验上取得重大突破，使 QT 的距离达到 16 km，为当之无愧地远距离 QT 佼佼者，并在 *Nature Photonics* 杂志上通过论文形式展现其实验的成果。2015 年，多个国家的科学家经过努力，包括中国科学技术大学的郭光灿团队及潘建伟团队和日本的 NTT 团队等，分别利用基

---

① 肖建伟：《量子隐形传态的研究》，长春理工大学博士学位论文，2010。

② 王嘉伟：《量子通信中的量子隐形传态技术研究》，华东交通大学博士学位论文，2017。

于单光子 M-Z 干涉的高容错的还回差分相移特性，成功地实现了 QSS 实验。

2016 年，潘建伟院士团队再传喜讯，成功研制并发射了世界首个量子卫星，使中国在 QT 的实验上遥遥领先。同年，世界上首条远距离量子通信保密干线——京沪干线，由我国建成并将投入使用，它的全长达到 2000 km。"京沪干线"的建成标志着我国首次构建出天地一体化的实用性量子保密通信的科学体系。

2017 年，我国"墨子号"量子科学实验卫星在国际上首次完成了地星量子隐形传态实验，证明了在地星上千千米的距离依然能够实现量子隐形传态，为全球化量子信息处理奠定了基础①。

2020 年，中科大郭光灿院士团队在高维量子通信研究中取得重要进展，该团队李传锋、柳必恒研究组利用六光子系统实验实现了高效的高维量子隐形传态。该成果 2020 年 12 日发表在国际知名期刊《物理评论快报》上。

量子隐形传态是建立远距离量子网络的关键技术之一。相比二维系统，高维量子网络具有更高的信道容量、更高的安全性等优点，并受到人们的广泛关注。如何通过实现高效的高维量子隐形传态从而实现高效的高维量子网络是当前量子信息领域的研究热点之一。

（三）量子隐形传态理论发展面临的困难

量子隐形传态理论是量子通信理论的重要组成部分，同时，量子隐形传态理论也确切的证明了量子力学理论中的非局域效应，由此，它也奠定了量子远程通信和量子网络计算的理论基础。量子隐形传态理论不仅从微观世界的角度揭示了大自然的基本定律，而且量子隐形传态能够把量子态当作信息载体，从而降低了现阶段经典通信的复杂度，可实现大容量、可靠性高的信息传送，进而节省大量社会资源。这样，就在原则上实现了科学们提出多年的不可破译的量子保密通信或远程网络量子计算。现阶段，科学们所设想的远程量子通信网络是以量子隐形传态为理论基础，利用多光子粒子体系来传输量子信息，同时采用粒子来记录和控制量子信息。在这个领域中，量子隐形传态理论仍处在理论基础研究阶段，有许多关键性问题需要我们去解决。

（1）如何进行高效的 Bell 态测量是值得深入研究的课题。目前，已经有数个实验室成功实现了量子隐形信息传送，提高其传输效率将是他们接下来的研究方向。

（2）多粒子纠缠态是实现量子信息和量子计算的重要资源之一，制备多粒子的纠缠态也是当前需要解决的重要课题。目前，中国科技大学的潘建伟团队利用光学系统已经制备出五光子的纠缠态，法国高等师范学院研究小组通过使用腔量子电动力学技术也制备出了多原子的纠缠。

（3）高保真的远程纠缠量子通道是实现有效的远程量子通信网络的重要条件，但是粒子的纠缠态在通常的环境影响下，会发生退相干，从而导致保真度小于 1。因此，寻找能够抗退相干的方案在远程安全通信的量子系统中成为重要的研究课题之一。

量子隐形传态的实现将极大地推进量子信息与量子通信领域的发展，其提出具有重

---

① 王向斌、赵勇、袁岚峰：《大话量子通信》，人民邮电出版社 2020 年版，第 129 页。

大意义。在今后的工作中，寻求更合理和更完备、更有效的量子隐形传态方案将会对量子信息的处理、量子计算机、量子密钥分配的领域等起到重大的促进作用①。

第五节　量子探测

一、更加精确的尺子——量子探测

在量子信息的三个分支中，量子精密测量是最容易理解的，所以我们单独用一个章节来介绍它。无论是量子精密测量、量子通信还是量子计算，它们的许多技术都是相通的。例如，单光子探测就是"墨子号"卫星与"九章"量子计算机等许多应用的基础。因此，量子通信、量子计算、量子精密测量是一个整体，它们共同构成第二次量子革命②。

精密测量技术作为信息获取的主要途径，在信息产业中起着至关重要的作用。随着远程医疗、工业互联网、物联网（the internet of things，IoT）、车联网（internet of vehicles，IoV）等技术的兴起，超精密、小型化、低成本的传感器、生物探测器、定位导航系统等关键传感测量器件的产品市场需求量将迅猛增长。经典测量技术的精度往往受到衍射极限、散粒噪声等因素的制约，测量精度难以进一步提升。而量子精密测量基于量子体系的纠缠、压缩、高阶关联等特性，使得测量精度显著提升，甚至可以突破经典测量的散粒噪声极限。

那么我们先来认识一下量子测量。量子测量技术是利用特定的量子体系（如原子、离子、光子等）与待测物理量（如磁场、重力场等）相互作用，使之量子态发生变化，通过对体系最终量子态的读取及数据后处理过程实现对物理量的超高精度探测的。基本可以分为量子态初始化、与待测物理量相互作用、最终量子态的读取、结果处理等关键步骤，具体参见图2.21③。

我们可以用软件架构的方式来描述量子测量技术的系统框架（图2.22）。最底层以量子力学为理论基础，运用相干叠加、量子纠缠等技术手段对原子、离子、光子等微观粒子的量子态进行制备、操控、测量和读取，配合数据的处理与转换，实现对角速度、重力场、磁场、频率等物理量的超高精度的精密探测，甚至有望突破经典物理的理论极限，通过应用层的软件将结果呈现给行业用户。在理论与技术基础层面，基础物理理论基本完备，但是部分原理技术仍有待突破，如量子纠缠态高效确定性的产生方法、远距离分发技术等。在硬件与系统工程化层面，一些高校和研究院所的原理样机基本成熟，并不断探索和刷新性能指标；部分成熟领域处于工程化阶段，建立初创公司，推出商用

① 许涛、徐赐文：《关于量子隐形传态的研究进展及应用分析》，《中央民族大学学报（自然科学版）》，2015，24（1）：79－82。

② 袁岚峰：《量子信息简化给所有人的新科技革命读本》，中国科学技术大学出版社2021年版，第22页。

③ 张萌：《量子测量技术与产业发展及其在通信网中的应用展望》，《信息通信技术与政策》，2020（4）：66－71。

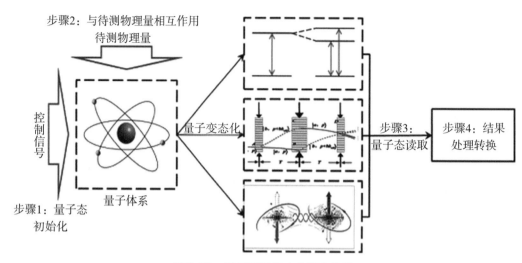

图 2.21　量子测量基本步骤和分类

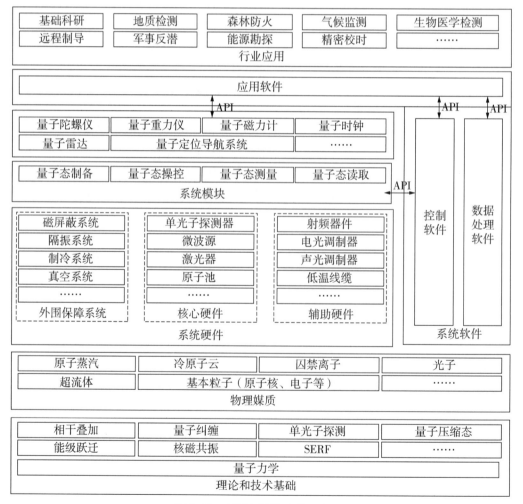

图 2.22　量子测量技术体系框架

产品。在软件开发层面，借助机器学习和量子计算开发数据处理软件算法，可以高效地提取有效数据，从而降低系统对环境因素的严苛要求或提升数据采集实时性。控制软件和应用软件目前不是研究热点，但又是未来商用化必须解决的问题。在行业应用层面，跨学科/跨领域应用场景探索是目前的研究热点①。

二、量子精密测量应用领域及优势

量子精密测量可以用于探测磁场、电场、加速度、角速度、重力、重力梯度、温度、时间、距离等物理量，应用领域包括基础科学研究、军事国防、航空航天、能源勘探、交通运输、灾害预警等。目前，量子精密测量的研究主要集中在量子目标识别、量子重力测量、量子磁场测量、量子定位导航、量子时频同步五大领域，具体参见图2.23。

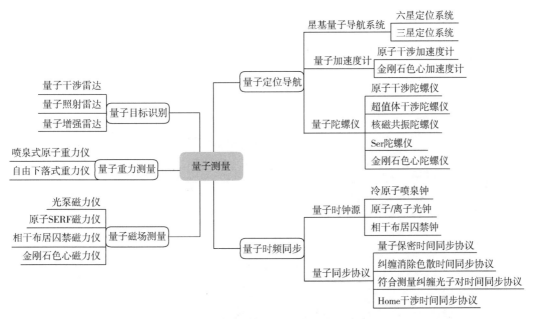

图2.23 量子测量应用领域与技术方案

超高精度是量子精密测量技术的核心优势。例如，传统的机电陀螺仪的测量精度一般只能达到$10^{-6}°$/h量级，而量子陀螺仪的理论精度高达$10^{-12}°$/h；传统重力仪受落体时间间隔限制，重复率低、噪声较大，精度可达1^{-9}g，原子重力仪基于冷原子干涉技术，理论上可使现有绝对重力测量灵敏度提高103倍；传统雷达成像的精度受衍射极限的限制，而量子雷达利用电磁场的高阶关联特性进行成像，分辨率可突破衍射极限，进一步提升成像和探测精度②。

---

① 张萌：《量子测量技术进展及应用趋势分析》，《信息通信技术与政策》，2021（9）：72－78。

② 张萌：《量子测量技术与产业发展及其在通信网中的应用展望》，《信息通信技术与政策》，2020（4）：66－71。

下面，我们来看看量子精密测量的两个典型应用：原子钟和量子雷达。

（一）原子钟

历史的车轮总是不停地向前滚动，人类的时间观念也日益求精（图2.24）。古巴比伦人发明的日晷、漏刻计时器（水钟、沙漏等），让人类可以日夜守时。20世纪初建立和发展起来的量子力学促使人们研制出精度可达 10^{-16} 量级的原子钟。从1948年第一台原子钟发明至今，人类计时的精度几乎以十年一个数量级的速度提高，"天宫二号"中的空间冷原子钟的精度已达到 10^{-16} 量级（图2.25）。激光技术的兴盛催促着科学家们继续上路——研制50亿年误差1秒的光钟（预期的精度为 $10^{-17} \sim 10^{-18}$ 量级）。

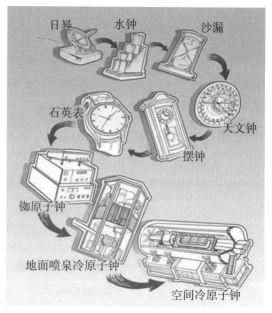

图2.24　人类计时工具的演变

图2.25　中国科学院上海光学精密机械研究所研制的"天宫二号"空间冷原子钟

空间冷原子钟研制和运行的成功对于基础物理学的研究及科技的应用都意义非凡。这是人类史上首台在空间实验室开展科学研究的空间冷原子钟，它的精准度也是史无前例的，为3000万年误差不超过1秒。空间站内的冷原子钟对卫星上的传统热原子钟进行不受地球大气影响的校准，以及与地面喷泉原子钟形成空—地、地—空、地—地的完整校准，大幅度地提高 GPS 的定位精确度①。

（二）量子雷达

量子雷达（图 2.26）是雷达技术与量子技术相结合的一种新体制雷达。与传统雷达相比，它充分利用电磁波的量子特性来突破经典探测的性能极限，具有广阔的应用前景。国内外许多研究机构已在量子最优检测、量子增强接收、量子干涉及量子照明等方面开展了大量的工作并取得了初步的研究成果。

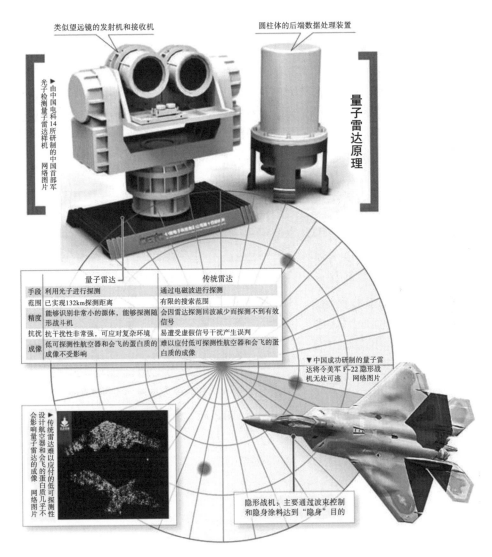

	量子雷达	传统雷达
手段	利用光子进行探测	通过电磁波进行探测
范围	已实现132km探测距离	有限的搜索范围
精度	能够识别非常小的源体，能够探测隐形战斗机	会因雷达探测回波减少而探测不到有效信号
抗扰	抗干扰性非常强，可应对复杂环境	易遭受虚假信号干扰产生误判
成像	低可探测性航空器和会飞的蛋白质的成像不受影响	难以应付低可探测性航空器和会飞的蛋白质的成像

图 2.26　某国产抗干扰反隐利器——量子雷达

---

① 乔勇军、刘伍明：《天宫二号里那块优雅的"手表"——空间冷原子钟》，《自然》，2017，39（1）：54－61。

三、量子精密测量技术及产业发展情况

从国内外量子精密测量技术发展对比来看，部分领域国内成果与国际先进水平还有1～2个数量级的差距，部分领域国内成果可以与国际并跑。欧美多家公司已推出基于冷原子、超导、SERF、核磁共振等量子技术的重力仪、频率参考（原子钟）、磁力计、加速度计、陀螺仪等商业产品。我国量子精密测量技术的应用与产业化正在逐步发力，较为成熟的量子测量产品主要集中于量子时频同步领域。总体来看，我国量子精密测量技术前沿研究处于稳步发展的阶段，但是从公司参与程度、产业化程度看，我国与欧美国家还有较大差距，产业生态链尚未形成。

从产业发展来看，全球量子测量产业市场收入逐年增长。BCC research 报告指出，全球量子测量市场收入额在最近两年内年均复合增长率（CAGR）约为10%，并预计在2020—2025 年期间增长到约3亿美元。从图 2.27 可以看出，原子钟、重力仪、磁力计领域发展较早，技术相对成熟，占据量子测量绝大部分市场份额。如果按地域划分，目前欧美国家，特别是北美收入额占比最高，预计未来5年仍将处于主导地位。而亚太地区，特别是中国，未来量子测量产品的需求量或将占据主导地位（张萌，2020）。

总体来说，整个量子测量产业目前还处于初级阶段，尚不具规模。一方面，由于量子测量领域的技术门槛比较高；另一方面，除了量子雷达、量子磁力计具有明确的民用场景外，其他量子测量技术主要定位于非民用、非工业的应用场景，面向军队或政府等特殊领域的封闭市场，不适于推广商用。

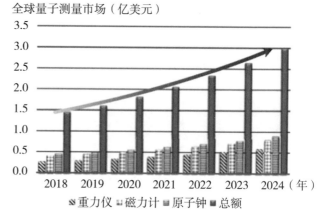

图 2.27　量子测量市场分析与预测

第三章　量子通信与信息安全

第一节　密码学简介

密码学是研究如何保护信息安全性的一门科学，涉及数学、物理、计算机、信息论、编码学、通讯技术等学科，已经在生活中得到广泛应用。

密码学组成分支有密码编码学和密码分析学。密码编码学主要研究对信息进行编码，实现信息的隐蔽；密码分析学主要研究加密消息的破译或消息的伪造。二者既相互独立，又相互依存，在矛盾与斗争中发展，对立统一。

一、密码学的发展史

密码学的发展历史大致可划分为三个阶段：

阶段一（古代～19 世纪末）：密码技术还不是一门科学，密码学家靠手工和机械来设计密码。

阶段二（20 世纪初～1975 年）：建立了私钥密码理论基础，从此密码学成为一门科学，计算机的出现使得基于复杂计算的密码成为可能。

阶段三（1976 年至今）：出现公钥密码，同时私钥密码技术也在飞速发展，密码学被广泛应用到与人们生产生活息息相关的问题上。

二、密码学的功能与目标

密码学的功能和目标主要体现在以下几个方面。

机密性：仅有发送方和指定的接收方能够理解传输的报文内容。窃听者可以截取到加密了的报文，但不能还原出原来的信息，即不能得到报文内容。

鉴别：发送方和接收方都应该能证实通信过程所涉及的另一方，通信的另一方确实具有他们所声称的身份。即第三者不能冒充跟你通信的对方，能对对方的身份进行鉴别。

报文完整性：即使发送方和接收方可以互相鉴别对方，但他们还需要确保其通信的内容在传输过程中未被改变。

不可否认性：如果人们收到通信对方的报文后，还要证实报文确实来自所宣称的发送方，发送方也不能在发送报文以后否认自己发送过报文。

三、密码体制

在理解密码体制之前，需要先了解以下专业术语：

明文：能直接代表原文含义的信息。

密文：经过加密处理之后，隐藏原文含义的信息。

加密：将明文转换成密文的实施过程。

解密：将密文转换成明文的实施过程。

密钥：控制加密或解密过程的可变参数，分为加密密钥和解密密钥。

密码体制是一个使通信双方能进行秘密通信的协议。如图3.1所示，密码体制由五要素组成，P（plaintext 明文集合），C（ciphertext 密文集合），K（key 密钥集合），E（encryption 加密算法），D（decryption 解密算法）。

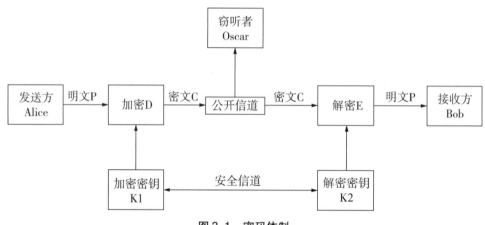

图 3.1　密码体制

四、加密基本原理

无论是用手工或机械完成的古典密码体制，还是采用计算机软件方式或电子电路的硬件方式完成的现代密码体制，其加解密基本原理都是一致的，都是基于对明文信息的替代或置换，或者是通过两者的结合运用完成的。

替代（substitution cipher）：有系统地将一组字母换成其他字母或符号；例如"help me"变成"ifmq nf"（每个字母用下一个字母取代）。

置换（transposition cipher）：不改变字母，将字母顺序重新排列；例如"help me"变成"ehpl em"（两两调换位置）。

五、密码分析与攻击

如图3.2所示，密码分析者通常利用以下几种方法对密码体制进行攻击：

已知明文分析法：知道一部分明文和其对应的密文，分析发现秘钥。

选定明文分析法：设法让对手加密自己选定的一段明文，并获得对应的密文，在此基础上分析发现密钥。

差别比较分析法：设法让对方加密一组差别细微的明文，通过比较他们加密后的结果来分析秘钥。

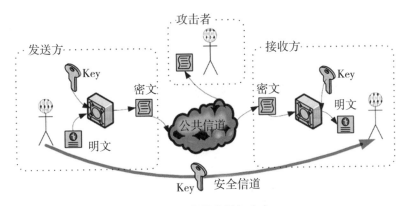

图 3.2　密码分析与攻击

六、密码安全性

无条件安全：无论破译者的计算能力有多强，无论截获多少密文，都无法破译明文。

计算上安全：破译的代价超出信息本身的价值，破译所需的时间超出信息的有效期。

任何密码系统的应用都需要在安全性和运行效率之间做出平衡，密码算法只要达到计算安全要求就具备了实用条件，并不需要实现理论上的绝对安全。1945 年，美国数学家克劳德·E. 香农在其发布的《密码学的数学原理》中，严谨地证明了一次性密码本或者称为"弗纳姆密码"（Vernam）具有无条件安全性。但这种绝对安全的加密方式在实际操作中需要消耗大量资源，不具备大规模使用的可行性。事实上，当前得到广泛应用的密码系统都只具有计算安全性。

七、密码体制分类

密码体制包括对称密码体制和非对称密码体制。

（一）对称密码（私钥密码）

对称密码体制也称单钥或私钥密码体制，其加密密钥和解密密钥相同，或实质上等同，即从一个易于推出另一个。

优点：保密性高，加密速度快，适合加密大量数据，易于通过硬件实现。缺点：秘钥必须通过安全可靠的途径传输，秘钥的分发是保证安全的关键因素。

常见对称密码算法：DES（密钥长度 =56 位）、3DES（三个不同的密钥，每个长度 56 位）、AES（密钥长度 128/192/256 可选）、IDEA（密钥长度 128 位）、RC5（密钥长度可变）。

根据加密方式的不同，对称密码又可以分为分组密码和序列密码。

分组密码：将明文分为固定长度的组，用同一秘钥和算法对每一块加密，输出也是固定长度的密文，解密过程也一样，如图 3.3 所示。

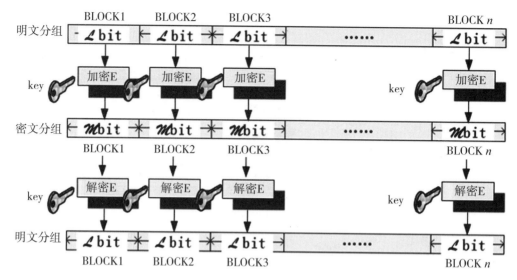

图 3.3　分组密码

序列密码：又称为流密码，每次加密一位或一字节的明文，通过伪随机数发生器产生性能优良的伪随机序列（密钥流），用该序列加密明文消息序列，得到密文序列，解密过程也一样，如图 3.4 所示。

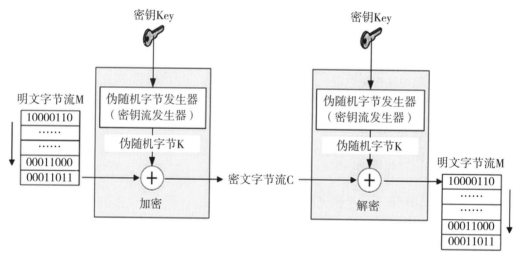

图 3.4　序列密码

（二）非对称密码（公钥密码）

如图 3.5 所示，非对称密码体制又称双钥或公钥密码体制，其加密密钥和解密密钥不同，从一个很难推出另一个。其中的加密密钥可以公开，称为公开密钥，简称公钥；解密密钥必须保密，称为私有密钥，简称私钥。非对称密码具有如下优缺点：

优点：密钥交换可通过公开信道进行，无需保密。既可用于加密也可用于签名。

缺点：加密速度不如对称密码，不适合大量数据加密，加密操作难以通过硬件实现。

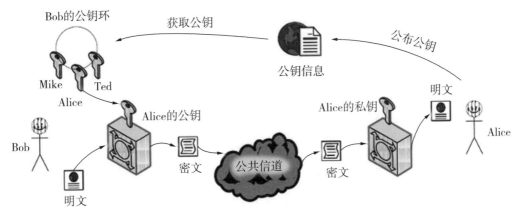

图 3.5　非对称密码

非对称密码体制不但赋予了通信的保密性，还提供了消息的认证性，无需实现交换秘钥就可通过不安全信道安全地传递信息，从而简化了密钥管理的工作量，适应了通信网的需要。

常见的非对称密码算法有：RSA（基于大整数质因子分解难题）、ECC（基于椭圆曲线离散对数难题）。

任何一种算法的安全都依赖于秘钥的长度、破译密码的工作量，从抗分析的角度看，没有哪一方更优越。公钥算法很慢，一般用于密钥管理和数字签名，对称密码也将长期存在，实际工程中一般采用对称密码与非对称密码相结合。

第二节　信息安全技术简介

信息安全的内涵在不断地延伸，从最初的信息保密性发展到信息的完整性、可用性、可控性和不可否认性，进而又发展为"攻（攻击）、防（防范）、测（检测）、控（控制）、管（管理）、评（评估）"等多方面的基础理论和实施技术。信息网络常用的基础性安全技术包括以下几方面的内容。

一、访问控制技术

访问控制（access control）技术，指防止对任何资源进行未授权的访问，从而使计算机系统在合法的范围内使用。意指通过用户身份及其所归属的某项定义组来限制用户对某些信息项的访问，或限制对某些控制功能的使用的一种技术。

（一）概念以及要素

1. 访问控制的概念及要素

访问控制指系统对用户身份及其所属的预先定义的策略组限制其使用数据资源能力的手段。它通常用于系统管理员控制用户对服务器、目录、文件等网络资源的访问。访问控制是系统保密性、完整性、可用性和合法使用性的重要基础，是网络安全防范和资

源保护的关键策略之一，也是主体依据某些控制策略或权限对客体本身或其资源进行的不同授权访问。

访问控制的主要目的是限制访问主体对客体的访问，从而保障数据资源在合法范围内得以有效使用和管理。为了达到上述目的，访问控制需要完成两个任务：识别和确认访问系统的用户、决定该用户可以对某一系统资源进行何种类型的访问。

访问控制包括三个要素：主体、客体和控制策略。

（1）主体 S（subject），是指提出访问资源的具体请求。主体可以是某一操作动作的发起者，但不一定是动作的执行者，可能是某一用户，也可以是用户启动的进程、服务和设备等。

（2）客体 O（object），是指被访问资源的实体。所有可以被操作的信息、资源、对象都可以是客体。客体可以是信息、文件、记录等集合体，也可以是网络上硬件设施、无限通信中的终端，甚至可以包含另外一个客体。

（3）控制策略 A（access control policy），是主体对客体的相关访问规则集合，即属性集合。访问策略体现了一种授权行为，也是客体对主体某些操作行为的默认。

2. 访问控制的功能及原理

访问控制的主要功能包括：保证合法用户访问受保护的网络资源，防止非法的主体进入受保护的网络资源，或防止合法用户对受保护的网络资源进行非授权的访问。访问控制首先需要对用户身份的合法性进行验证，同时利用控制策略进行选用和管理工作。当用户身份和访问权限验证之后，还需要对越权操作进行监控。因此，访问控制的内容包括认证、控制策略实现和安全审计。

（1）认证。包括主体对客体的识别及客体对主体的检验确认。

（2）控制策略。通过合理地设定控制规则集合，确保用户对信息资源在授权范围内的合法使用。既要确保授权用户的合理使用，又要防止非法用户侵权进入系统，使重要信息资源泄露。同时对合法用户，也不能越权行使权限以外的功能及访问范围。

（3）安全审计。系统可以自动根据用户的访问权限，对计算机网络环境下的有关活动或行为进行系统的、独立的检查验证，并做出相应评价与审计。

（二）类型机制

访问控制可以分为两个层次：物理访问控制和逻辑访问控制。物理访问控制需要符合标准规定的用户、设备、门、锁和安全环境等方面的要求，而逻辑访问控制则是在数据、应用、系统、网络和权限等层面实现的。对银行、证券等重要金融机构的网站，信息安全重点关注的是二者兼顾，物理访问控制则主要由其他类型的安全部门负责。

1. 访问控制的类型

主要的访问控制类型有 3 种模式：自主访问控制（DAC）、强制访问控制（MAC）和基于角色访问控制（RBAC）。

（1）自主访问控制（discretionary access control，DAC）是一种接入控制服务，通过执行基于系统实体身份及其到系统资源的接入授权，包括在文件、文件夹和共享资源中设置许可。用户有权对自身所创建的文件、数据表等访问对象进行访问，并可将其访问权授予其他用户或收回其访问权限。允许访问对象的属主制定针对该对象访问的控制策略，通常可通过访问控制列表来限定针对客体可执行的操作。

第一，每个客体有一个所有者，可按照各自意愿将客体访问控制权限授予其他主体。

第二，各客体都拥有一个限定主体对其访问权限的访问控制列表（ACL）。

第三，每次访问时都基于访问控制列表检查用户标志，实现对其访问权限控制。

第四，DAC 的有效性依赖于资源的所有者对安全政策的正确理解和有效落实。

DAC 提供了适合多种系统环境的灵活方便的数据访问方式，是应用最广泛的访问控制策略。然而，它所提供的安全性可被非法用户绕过，授权用户在获得访问某资源的权限后，可能传送给其他用户。主要是在自由访问策略中，用户获得文件访问后，若不限制对该文件信息的操作，就不能限制数据信息的分发。所以，DAC 提供的安全性相对较低，无法对系统资源提供严格保护。

（2）强制访问控制（mandatory access control，MAC）是系统强制主体服从访问控制策略，由系统对用户所创建的对象，按照规定的规则控制用户权限及操作对象的访问。MAC 的主要特征是对所有主体及其所控制的进程、文件、段、设备等客体实施强制访问控制。在 MAC 中，每个用户及文件都被赋予一定的安全级别，只有系统管理员才可确定用户和组的访问权限，用户不能改变自身或任何客体的安全级别。系统通过比较用户和访问文件的安全级别，决定用户是否可以访问该文件。此外，MAC 不允许通过进程生成共享文件，以通过共享文件将信息在进程中传递。MAC 可通过使用敏感标签对所有用户和资源强制执行安全策略，一般采用 3 种方法：限制访问控制、过程控制和系统限制。MAC 常用于多级安全军事系统，对专用或简单系统较有效，但对通用或大型系统并不太有效。

MAC 的安全级别有多种定义方式，常用的分为 4 级：绝密级 TS（top secret）、秘密级 S（secret）、机密级 C（confidential）和无级别级 U（unclassified），其中 TS〉S〉C〉U。所有系统中的主体（用户，进程）和客体（文件，数据）都分配安全标签，以标识安全等级。

通常 MAC 与 DAC 结合使用，并实施一些附加的、更强的访问限制。一个主体只有通过自主与强制性访问限制检查后，才能访问其客体。用户可利用 DAC 来防范其他用户对自己客体的攻击，因为用户不能直接改变强制访问控制属性，所以强制访问控制提供了一个不可逾越的、更强的安全保护层，以防范偶然或故意地滥用 DAC。

（3）基于角色的访问控制（role-based access control，RBAC）是通过对角色的访问所进行的控制。角色（role）是一定数量的权限的集合，指完成一项任务必须访问的资源及相应操作权限的集合。角色作为一个用户与权限的代理层，表示为权限和用户的关系，所有的授权应该给予角色而不是直接给用户或用户组。使权限与角色相关联，用户通过成为适当角色的成员而得到其角色的权限，可极大地简化权限管理。为了完成某项工作创建角色，用户可依其责任和资格分派相应的角色，角色可依新需求和系统合并赋予新权限，而权限也可根据需要从某角色中收回，这就减小了授权管理的复杂性，降低了管理开销，提高了企业安全策略的灵活性。

RBAC 模型的授权管理方法，主要有 3 种：①根据任务需要定义具体不同的角色。②为不同角色分配资源和操作权限。③给一个用户组（group，权限分配的单位与载体）指定一个角色。

RBAC 支持三个著名的安全原则：最小权限原则、责任分离原则和数据抽象原则。前者可将角色配置成完成任务所需要的最小权限集。第二个原则可通过调用相互独立互斥的角色共同完成特殊任务，如核对账目等。后者可通过权限的抽象控制一些操作，如财务操作可用借款、存款等抽象权限，而不用操作系统提供的典型的读、写和执行权限。这些原则需要通过 RBAC 各部件的具体配置才可实现。

2. 访问控制机制

访问控制机制是检测和防止系统未授权访问，并对保护资源所采取的各种措施。是在文件系统中广泛应用的安全防护方法，一般在操作系统的控制下，按照事先确定的规则决定是否允许主体访问客体，贯穿于系统全过程。

访问控制矩阵（access control matrix）是最初实现访问控制机制的概念模型，以二维矩阵规定主体和客体间的访问权限。其行表示主体的访问权限属性，列表示客体的访问权限属性，矩阵格表示所在行的主体对所在列的客体的访问授权，空格为未授权，Y 为有操作授权，以确保系统操作按此矩阵授权进行访问。通过引用监控器协调客体对主体访问，实现认证与访问控制的分离。在实际应用中，对于较大系统，由于访问控制矩阵将变得非常大，其中许多空格，造成较大的存储空间浪费，因此，较少利用矩阵方式，主要采用以下两种方法。

（1）访问控制列表（access control list，ACL）。它是应用在路由器接口的指令列表，用于路由器利用源地址、目的地址、端口号等的特定指示条件对数据包的抉择，是以文件为中心建立访问权限表，表中记载了该文件的访问用户名和权隶属关系。利用 ACL，容易判断出对特定客体的授权访问，可访问的主体和访问权限等。当将该客体的 ACL 设置为空，可撤销特定客体的授权访问。

基于 ACL 的访问控制策略简单实用。在查询特定主体访问客体时，虽然需要遍历查询所有客体的 ACL，耗费较多资源，但仍是一种成熟且有效的访问控制方法。许多通用的操作系统都使用 ACL 来提供该项服务。如 Unix 和 VMS 系统利用 ACL 的简略方式，以少量工作组的形式，而不许单个个体出现，可极大地缩减列表大小，提高系统效率。

（2）能力关系表（capabilities list）。这是以用户为中心建立访问权限表。与 ACL 相反，表中规定了该用户可访问的文件名及权限，利用此表可方便地查询一个主体的所有授权。相反，检索具有授权访问特定客体的所有主体，则需查遍所有主体的能力关系表。

3. 单点登入的访问管理

单点登入（SSO）的主要优点是，可集中存储用户身份信息，用户只需一次向服务器验证身份，即可使用多个系统的资源，而无需再向各客户机验证身份。SSO 可提高网络用户的效率，减少网络操作的成本，增强网络安全性。根据登入的应用类型不同，可将 SSO 分为 3 种类型。

（1）对桌面资源的统一访问管理. 包括两个方面：第一，登入 Windows 后统一访问 Microsoft 应用资源。Windows 本身就是一个 SSO 系统。随着 . NET 技术的发展,"Microsoft SSO"将成为现实。通过 active directory 的用户组策略并结合 SMS 工具,可实现桌面策略的统一制定和统一管理。第二,登入 Windows 后访问其他应用资源。根据 Microsoft 的软件策略,Windows 并不主动提供与其他系统的直接连接。现在,已经有第三方产品提供上述功能,利用 active directory 存储其他应用的用户信息,间接实现对这些应用的 SSO 服务。

(2)Web 单点登入(Web SSO)。由于 Web 技术体系架构便捷,对 Web 资源的统一访问管理易于实现。在目前的访问管理产品中,Web 访问管理产品最为成熟。Web 访问管理系统一般与企业信息门户结合使用,提供完整的 Web SSO 解决方案。

(3)传统 C/S 结构应用的统一访问管理。在传统 C/S 结构应用上,实现管理前台的统一或统一入口是关键。采用 Web 客户端作为前台是企业最为常见的一种解决方案。

在后台集成方面,可以利用基于集成平台的安全服务组件或不基于集成平台的安全服务 API,通过调用信息安全基础设施提供的访问管理服务,实现统一访问管理。

在不同的应用系统之间,同时传递身份认证和授权信息是传统 C/S 结构的统一访问管理系统面临的另一项任务。采用集成平台进行认证和授权信息的传递是当前发展的一种趋势。可对 C/S 结构应用的统一访问管理结合信息总线(EAI)平台建设一同进行。

(三)安全策略

访问控制的安全策略是指在某个自治区域内(属于某个组织的一系列处理和通信资源范畴),用于所有与安全相关活动的一套访问控制规则。由此安全区域中的安全权力机构建立,并由此安全控制机构来描述和实现。访问控制的安全策略有三种类型:基于身份的安全策略、基于规则的安全策略和综合访问控制方式。

1. 安全策略实施原则

访问控制安全策略原则集中在主体、客体和安全控制规则集三者之间的关系。

(1)最小特权原则。在主体执行操作时,按照主体所需权力的最小化原则分配给主体权力。其优点是最大限度地限制了主体实施授权行为,避免来自突发事件、操作错误和未授权主体等意外情况的危险。为了达到一定目的,主体必须执行一定操作,但只能做被允许的操作,其他操作除外。这是抑制特洛伊木马和实现可靠程序的基本措施。

(2)最小泄露原则。主体执行任务时,按其所需最小信息分配权限,以防泄密。

(3)多级安全策略。主体和客体之间的数据流向和权限控制,按照安全级别的绝密(TS)、秘密(S)、机密(C)、限制(RS)和无级别(U)5 级来划分。其优点是避免敏感信息扩散。具有安全级别的信息资源,只有高于安全级别的主体才可访问。

在访问控制实现方面,实现的安全策略包括 8 个方面:入网访问控制、网络权限限制、目录级安全控制、属性安全控制、网络服务器安全控制、网络监测和锁定控制、网络端口和节点的安全控制和防火墙控制。

2. 基于身份和规则的安全策略

授权行为是建立身份安全策略和规则安全策略的基础,两种安全策略为:

(1)基于身份的安全策略。主要是过滤主体对数据或资源的访问,只有通过认证的主体才可以正常使用客体的资源。这种安全策略包括基于个人的安全策略和基于组的安全策略。第一，基于个人的安全策略。是以用户个人为中心建立的策略，主要由一些控制列表组成。这些列表针对特定的客体，限定了不同用户所能实现的不同安全策略的操作行为。第二，基于组的安全策略。是基于个人的安全策略的发展与扩充，主要指系统对一些用户使用同样的访问控制规则，访问同样的客体。

（2）基于规则的安全策略。在基于规则的安全策略系统中，所有数据和资源都标注了安全标记，用户的活动进程与其原发者具有相同的安全标记。系统通过比较用户的安全级别和客体资源的安全级别，判断是否允许用户进行访问。这种安全策略一般具有依赖性与敏感性。

3. 综合访问控制策略

综合访问控制策略（HAC）继承和吸取了多种主流访问控制技术的优点，有效地解决了信息安全领域的访问控制问题，保护了数据的保密性和完整性，保证授权主体能访问客体和拒绝非授权访问。HAC 具有良好的灵活性、可维护性、可管理性、更细粒度的访问控制性和更高的安全性，为信息系统设计人员和开发人员提供了访问控制安全功能的解决方案。综合访问控制策略主要包括：

（1）入网访问控制。入网访问控制是网络访问的第一层访问控制。对用户可规定所能登入到的服务器及获取的网络资源，控制准许用户入网的时间和登录入网的工作站点。用户的入网访问控制分为用户名和口令的识别与验证、用户账号的默认限制检查。该用户若有任何一个环节检查未通过，就无法登入网络进行访问。

（2）网络的权限控制。网络的权限控制是为防止网络非法操作而采取的一种安全保护措施。用户对网络资源的访问权限通常用一个访问控制列表来描述。

从用户的角度，网络的权限控制可分为以下 3 类用户：第一，特殊用户。具有系统管理权限的系统管理员等。第二，一般用户。系统管理员根据实际需要而分配到一定操作权限的用户。第三，审计用户。专门负责审计网络的安全控制与资源使用情况的人员。

（3）目录级安全控制。主要是为了控制用户对目录、文件和设备的访问，或对指定目录下的子目录和文件的使用权限。用户在目录一级制定的权限对所有目录下的文件仍然有效，还可进一步指定子目录的权限。在网络和操作系统中，常见的目录和文件访问权限有：系统管理员权限（supervisor）、读权限（read）、写权限（write）、创建权限（create）、删除权限（erase）、修改权限（modify）、文件查找权限（file scan）、控制权限（access control）等。一个网络系统管理员应为用户分配适当的访问权限，以控制用户对服务器资源的访问，进一步强化网络和服务器的安全。

（4）属性安全控制。属性安全控制可将特定的属性与网络服务器的文件及目录网络设备相关联。在权限安全的基础上，对属性安全提供更进一步的安全控制。网络上的资源都应先标示其安全属性，将用户对应网络资源的访问权限存入访问控制列表中，记录用户对网络资源的访问能力，以便进行访问控制。

属性配置的权限包括：向某个文件写数据、复制一个文件、删除目录或文件、查看目录和文件、执行文件、隐含文件、共享、系统属性等。安全属性可以保护重要的目录和文件，防止用户越权对目录和文件进行查看、删除和修改等。

（5）网络服务器安全控制。网络服务器安全控制允许通过服务器控制台执行的安全控制操作包括：用户利用控制台装载和卸载操作模块、安装和删除软件等。操作网络服务器的安全控制还包括设置口令锁定服务器控制台，主要防止非法用户修改、删除重要信息。另外，系统管理员还可通过设定服务器的登入时间限制、非法访问者检测以及关闭的时间间隔等措施，对网络服务器进行多方位的安全控制。

（6）网络监控和锁定控制。在网络系统中，通常服务器自动记录用户对网络资源的访问，如有非法的网络访问，服务器将以图形、文字或声音等形式向网络管理员报警，以便引起警觉、进行审查。对试图登入网络者，网络服务器将自动记录企图登入网络的次数，当非法访问的次数达到设定值时，就会将该用户的账户自动锁定并进行记载。

（7）网络端口和结点的安全控制。网络中服务器的端口常用自动回复器、静默调制解调器等安全设施进行保护，并以加密的形式来识别结点的身份。自动回复器主要用于防范假冒合法用户，静默调制解调器用于防范黑客利用自动拨号程序进行网络攻击。还应经常对服务器端和用户端进行安全控制，如通过验证器检测用户真实身份，然后，用户端和服务器再进行相互验证。

（四）认证服务

1. AAA 技术概述

在信息化社会新的网络应用环境下，虚拟专用网（VPN）、远程拨号、移动办公室等网络移动接入应用非常广泛，传统用户身份认证和访问控制机制已经无法满足广大用户需求，由此产生了 AAA 认证授权机制。AAA 认证系统的功能，主要包括以下 3 个部分：

（1）认证。对网络用户身份识别后，才允许远程登录访问网络资源。

（2）鉴权。为远程访问控制提供方法，如一次性授权或给予特定命令或服务的鉴权。

（3）审计。主要用于网络计费、审计和制作报表。

AAA 一般运行于网络接入服务器，提供一个有力的认证、鉴权、审计信息采集和配置系统。网络管理者可根据需要选用合适的具体网络协议及认证系统。

2. 远程鉴权拨入用户服务

远程鉴权拨入用户服务（remote authentication dial in user service，RADIUS）主要用于管理远程用户的网络登入。主要基于 C/S 架构，客户端最初是 NAS（net access server）服务器，现在任何运行 RADIUS 客户端软件的计算机都可成为其客户端。RADIUS协议认证机制灵活，可采用 PAP、CHAP 或 Unix 登入认证等多种方式。此协议规定了网络接入服务器与 RADIUS 服务器之间的消息格式。在服务器接受到用户的连接请求，根据其账户和密码完成验证后，将用户所需的配置信息返回网络接入服务器，服务器同时根据用户的动作进行审计并记录其计费信息。

（1）RADIUS 协议的主要工作过程。

第一，远程用户通过 PSTN 网络连接到接入服务器，并将登入信息发送到服务器。

第二，RADIUS 服务器根据用户输入的账户和密码对用户进行身份认证，并判断是否允许用户接入。请求批准后，其服务器还要对用户进行相应的鉴权。

第三，鉴权完成后，服务器将响应信息传递给网络接入服务器和计费服务器，网络接入服务器根据当前配置来决定针对用户的相应策略。

RADIUS 协议的认证端口号为 1812 或 1645，计费端口号为 1813 或 1646。RADIUS 通过统一的用户数据库存储用户信息进行验证与授权工作。

（2）RADIUS 的加密方法。对于重要的数据包和用户口令，RADIUS 协议可使用 MD5 算法对其进行加密，在其客户端（NAS）和服务器端（RADIUS server）分别存储一个密钥，利用此密钥对数据进行算法加密处理，密钥不宜在网络上传送。

（3）RADIUS 的重传机制。RADIUS 协议规定了重传机制。如果 NAS 向某个 RADIUS 服务器提交请求没有收到返回信息，则可要求备份服务器重传。由于有多个备份服务器，NAS 进行重传时，可采用轮询方法。如果备份服务器的密钥与以前密钥不同，则需重新进行认证。

3. 终端访问控制系统

终端访问控制（terminal access controller access control system，TACACS）的功能是通过一个或几个中心服务器为网络设备提供访问控制服务。与 RADIUS 协议的区别是，TACACS 是 Cisco 专用的协议，具有独立的身份认证、鉴权和审计等功能。

二、密码技术及应用

密码的最初目的是用于对信息加密，但随着密码学的运用，密码还被广泛用于身份认证、防止否认等问题上。针对信息传输过程中可能面对的"窃听""篡改""假冒""否认"等安全性隐患，计算机领域衍生出种类繁多的密码技术，以针对不同的应用场景，总结如表3.1。

表3.1　密码技术应用场景

威胁	特征	相应技术
窃听	破坏数据机密性	对称加密、非对称加密、混合加密
假冒	第三方假冒一方发送信息	消息认证码、数字签名、数字证书
篡改	破坏数据完整性	单向散列、消息认证码、数字签名、数字证书
否认	事后否认自己行为	数字签名、数字证书

（一）加密——防止"窃听"

密码最基本的功能是信息的加解密，这就涉及到了密码算法。每个密码算法都基于相应的数学理论。密码学发展至今，已经产生了大量优秀的密码算法，通常分为两类：对称密码算法（symmetric cryptography）和非对称密码算法（public-key cryptography，asymmetric cryptography），这两者的区别在于是否使用了相同的密钥。

1. 对称密码算法

所谓对称加密，是信息传递双方用同一个密钥来进行加密解密，实践中最为常用，效率高。图3.6向大家展示了对称加密流程：①发送方A、接收方B共享密钥A；②发送方A通过密钥A对明文加密；③发送方A向接收方B发送密文；④接收方B通过密钥A解密密文，得到明文。

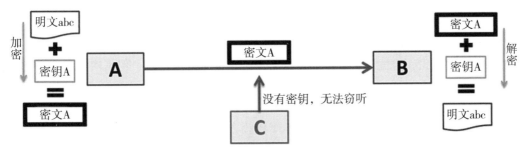

图3.6 对称加密流程

对称密码算法以A、B间密钥A的共享（传递）不被第三方C获取为前提，因而无法解决密钥分配过程中的安全性问题（即密钥A存在被第三方C获取的可能）。

2. 非对称密码算法

非对称加密可以用于解决密钥配送问题。相对于对称密码加解密采用相同的密码，非对称密码加解密采用的是不同的密钥，公钥和私钥成对，公钥加密信息，相应的私钥解密。公钥是公开的，私钥归信息的接受者所有。由于非对称密码算法可以把加密密钥公开，因此也叫做公开密钥密码算法，简称公钥密码算法，或公钥算法。公钥算法非常优雅地解决了密钥既要保密又要公开的矛盾。

图3.7向大家展示了非对称加密流程：①接收方B生成公私钥对，私钥由接收方B自己保管；②接收方B将公钥发送给信息发送方A；③发送方A通过公钥对明文加密，得到密文；④发送方A向接收方B发送密文；⑤接收方B通过私钥解密密文，得到明文。

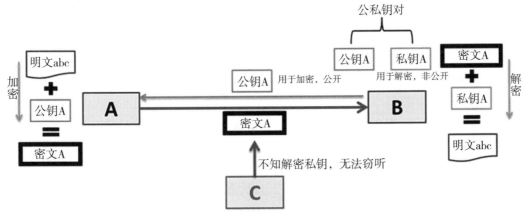

图3.7 非对称加密流程

非对称加密算法似乎能够解决密钥分配问题，但是依然存在缺陷，其中最明显的缺陷是：加密解密效率慢！

RSA算法的速度是DES的1000分之一，并且随着密钥加长，速度会急剧变慢。基于此，在工业场景下，往往选择的是通过非对称加密配送密钥，对称加密加密明文的混合加密方式加密报文。

3. 混合加密

混合加密就是对称加密与非对称加密的结合。用对称密码来加密明文（速度），用非对称密码来加密对称密码中所使用的密钥（安全）。对称加密算法加密解密速度快、强度高，但存在密钥分配问题；非对称加密不存在密钥分配问题，但算法效率低。基于上述特征，可以选择通过非对称加密配送对称密钥，再采用对称密钥用来加密的方式，实现网络的密钥配送与通信加密，以取长补短，优化加密方法。

图3.8向大家展示了混合加密流程：①接收方B生成公私钥对（公钥A、私钥A），私钥（私钥A）由接收方B自己保管；②接收方B将公钥（公钥A）发送给信息发送方A；③发送方A通过公钥对对称密钥（对称密钥S）加密，得到密钥密文；④发送方A向接收方B发送密钥密文；⑤接收方B通过私钥（私钥A）解密密文，得到对称密钥（对称密钥S）；⑥此时，发送方A、接收方B成功共享密钥S，此后信息就可以用对称加密方法传递：发送方A通过密钥S对明文加密；发送方A向接收方B发送密文；接收方B通过密钥S解密密文，得到明文。

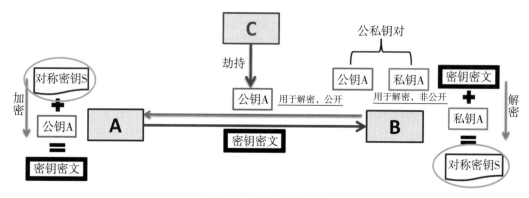

图3.8 混合加密流程

混合加密利用对称加密算法解决了信息加解密效率缺陷，利用非对称加密算法配送对称密钥解决了密钥分配问题，但即便如此，仍然存在一定的安全隐患，如：无法避免中间人攻击、信息篡改。

例如：中间人C可以在劫持B发出的公钥A后，发送一个伪造的公钥B给A，A通过公钥B加密后的密文，可以被劫持者C通过私钥B解密，之后所有的密文都对劫持者透明了；C还能用之前劫持到的公钥A假冒A，通过加密信息甚至篡改信息，发送给B，此时AB均无从发觉公钥已被中间人C伪造，信息已被窃听，甚至篡改。

（二）单向散列、消息认证码——防止"假冒"与"篡改"

加密算法为我们解决了数据的窃听威胁，但无法有效应对数据的篡改与假冒，这就有必要了解消息认证码等相关技术。

1．单向散列技术

在了解消息认证码前，我们需要先了解单向散列技术（即哈希技术）。所谓单向散列技术又称密码检验（cryptographic checksum）、指纹（fingerprint）、消息摘要（message digest），是为了保证信息的完整性（integrity），防止信息被篡改的一项技术。单向散列算法，又称单向 Hash 函数、杂凑函数，就是把任意长的输入消息串变化成固定长的输出串且由输出串难以得到输入串的一种函数。其具有如下特点：

（1）任意的消息大小。哈希函数对任何大小的消息 x 都适用。

（2）固定的输出长度。无论信息长度如何，计算出的长度永远不变。

（3）计算快速，即函数的计算相对简单。

（4）具有单向性（one-way），不可由散列值推出原信息。即所谓的抗第一原像性 [给定一个输出 z，找到满足 $h(x)=z$ 的输入 x 是不可能的]。

（5）信息不同，散列值不同，具有抗碰撞性（collision resistance），包括强抗碰撞性和弱抗碰撞性。

强抗碰撞性：要找到散列值相同的两条不同的消息是非常困难的（知道散列值找两条消息）。即找到满足 $h(x_1)=h(x_2)$ 的一对 $x_1 \neq x_2$ 在计算上是不可行的。

弱抗碰撞性：要找到和该消息具有相同散列值的另一个消息是非常困难的（知道该消息和其散列值找另一条消息）。即抗第二原像性 [给定 x_1 和 $h(x_1)$，找到满足 $h(x_1)=h(x_2)$ 的 x_2 在计算上是不可能的]。

常见的单向散列函数（Hash 函数）有消息摘要算法（message digest，MD）、安全散列算法（secure hash algorithm，SHA），其中采用 Keccak 算法的 SHA-3 采用海绵结构。就安全性而言，MD4、MD5 为产生 128 比特散列值，均已不安全，存在可碰撞性。SHA-1 产生 160 比特散列值，也是不推荐使用的，存在可碰撞性。RIPEMD-128、RIPEMD-160 也不推荐使用。推荐使用 SHA-2、SHA-3 算法（目前对它的支持还不是很广泛）。

哈希函数是没有密钥的。哈希函数两个最主要的应用就是数字签名和消息验证码（比如 HMAC）。哈希函数的三个安全性要求为单向性、抗第二原像性和抗冲突性。为了抵抗冲突攻击，哈希函数的输出长度至少为 160 位；对长期安全性而言，最好使用 256 位或更多的哈希函数。MD5 的使用非常广泛，但却是不安全的。人们发现了 SHA-1 中存在的严重安全漏洞，这样的哈希函数应该被逐步淘汰。SHA-2 算法看上去是安全的。正在进行的 SHA-3 竞争将在几年后产生新的标准化的哈希函数。

结合密码学的加解密技术和单向散列技术，就有了用于防止篡改的消息认证码技术，防止伪装的数字签名技术以及认证证书。

2．消息认证码

消息认证码算法（MAC）的作用在于验证传输数据的完整性，这就要求其应当是一串需要与共享密钥相关而且足够有区分度的串。因此，可以通过多种方式获得 MAC

值，如单向散列（Hash 函数）、分组密码截取最后一组作为 MAC 值、流密码、非对称加密等。

（1）获得 MAC 值的方法（以单向散列技术（Hash 函数）为例）。如图 3.9 所示，消息认证码采用的是对称加密，因此 A 需要准备一个用于加密密文的密钥（密钥 W）和一个用来生成消息验证码的密钥（密钥 X），将其通过安全的方法（如非对称加密算法）发送给接收方 B。

图 3.9　对称加密的信息传输流程

（2）密钥建立共享后信息的传输流程（图 3.10）。

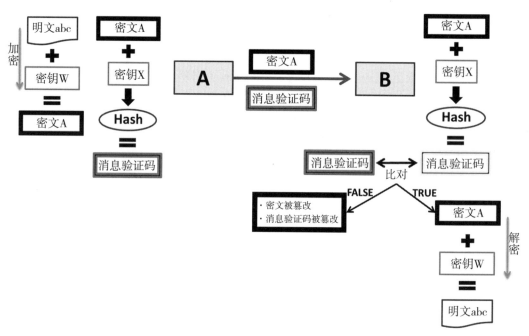

图 3.10　密钥共享后的信息传输流程

发送方 A 与接收方 B 共享密钥（加密密文的密钥 W 和生成消息验证码的密钥 X）；

发送方 A 通过密钥 W 对明文加密，得到密文；

发送方 A 通过密钥 X 计算 MAC 值，Hash 加密后生成消息验证码（MAC-A）；

发送方 A 向接收方 B 发送密文和消息验证码（MAC-A）；

接收方 B 对密文通过密钥 X 计算 MAC 值，再 Hash 加密一次获得消息验证码（MAC-B）。

接收方 B 比较 MAC-A 与 MAC-B，若一致则说明信息未被篡改，可以通过密钥 W 对密文解密读取信息；若 MAC-A 与 MAC-B 不一致，则说明密文被篡改，或者消息验证码被篡改，或两者皆被篡改。

（3）消息认证码存在的问题。

①密钥配送的问题，因为 MAC 需要发送者与接收者使用相同的密钥。②暴力破解问题。③无法防止事后否认、也无法对第三方证明。因为密钥是共享的，接收者可以伪造对发送者不利的信息。④重放攻击，即窃取某一次通信中的正确的 MAC，然后攻击者重复多次发送相同的信息。由于信息与 MAC 可以匹配，在不知道密钥的情况下，攻击者就可以完成攻击。

（4）避免重放攻击的方法。

第一，序号，约定信息中带上递增序号，MAC 值为加上序号的 MAC。

第二，时间戳，约定信息中带上时间戳。使用时间戳避免重放攻击要保证发送者和接受者的时钟必须一致，但考虑到网络延迟，必须在时间的判断上留下缓冲，因此仍有可以进行重放攻击的时间。

第三，随机数 nonce，每次传递前，先发送随机数 nonce，通信时再将随机数包含在消息中并计算 MAC 值，基于此将无法进行重放。

3. 数字签名和数字证书

（1）数字签名。消息验证码之所以无法解决事后否认的问题，是因为其采用的是对称加密算法（因为密钥是共享的，接收者存在伪造发送者信息之可能，因此发送者可以事后否认信息的真实性）。采用非对称加密的消息认证码的技术，就是数字签名。在非对称加密中，私钥用来解密，公钥用来加密；在数字签名技术中，私钥用来加密，公钥用来解密。

图 3.11 向大家展示了数字签名及验证的流程为：①签名方 A 生成非对称公私钥对公钥 A、私钥 A；②A 向消息接收方 B 发送公钥 A；③A 使用私钥 A 对消息加密（一般是对消息的散列值进行加密，防止因数据量过大或非对称加密效率低下特征导致签名时间过长等问题），生成数字签名；④A 将消息与数字签名发往 B；⑤接收方 B 通过公钥解密数字签名；⑥验证签名，即比对 Hash 值，如相等，大概率（存在 Hash 碰撞）表明数据未被篡改。

用更为归纳性的语言表述，即先计算消息的散列值，再对散列值进行私钥加密，得到的即为签名；签名人将消息和签名发送，接收方用公钥对签名进行解密并做验证（只要接收方 B 能够用 A 的公钥解密数字签名，就代表该签名是 A 签署的，因为公钥 A 只能解锁由 A 保管的私钥 A 签写的签名）。

当然数字签名的方式也有两种：①明文签名：不对消息进行加密，只对消息进行签名，主要用于发布消息。②密文签名：对消息进行加密和签名。

数字签名不仅能够防止 A 的事后否认，同样能够防止数据的假冒与篡改。但需要注意的是，数字签名仍然存在问题：数字签名由于采用了非对称加密算法，尽管能够防止否认，但发送方却不能知道所收到的公钥是否是接收方私钥所对应的公钥，因此无法防止中间人攻击。

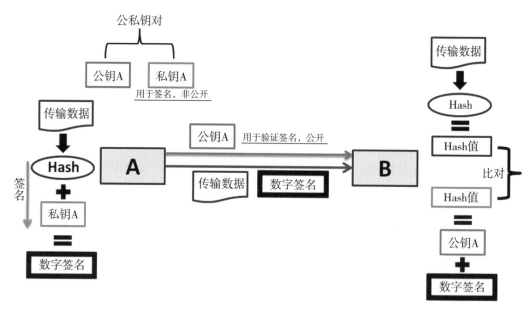

图 3.11　数字签名及验证流程

伪造公钥是中间人攻击中重要的一环。之所以能够伪造，是因为消息发送方无法确认公钥的身份问题。如图 3.12 所示，如果公钥 A 被中间人 C 所劫持，替换成自己的公钥 C，接受者 B 采用了攻击者 C 的公钥，此后接收了攻击者私钥签名的信息，公私钥完全匹配，A、B 均无从发觉公钥已被中间人 C 伪造、篡改。

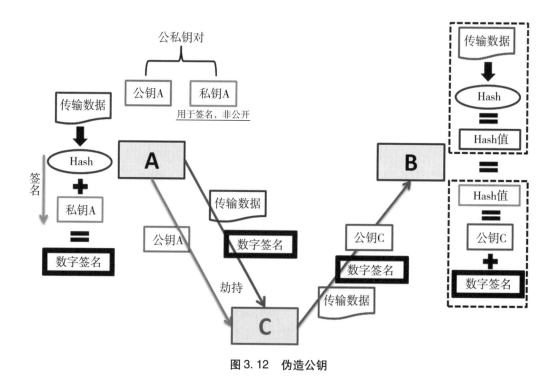

图 3.12　伪造公钥

（2）数字证书。对数字签名所发布的公钥进行权威的认证，便是证书。公钥证书记录个人信息及个人公钥，并由认证机构施加数字签名。数字证书能够有效避免中间人攻击的问题。

为实现不同成员在不见面的情况下进行安全通信，公钥基础设施（public key infrastructure，PKI）当前采用的模型是基于可信的第三方机构，也就是证书颁发机构（CA）签发的证书。PKI 是为了能够有效地运用公钥而制定的一系列规范和规格的总称（并非某单一规范）。其组成包括用户、认证机构、证书仓库。其中证书颁发机构是指我们都信任的证书颁发机构，它会在确认申请用户的身份之后签发证书。同时 CA 会在线提供其所签发证书的最新吊销信息（CRL，证书作废清单），用户要定期查询认证机构最新的 CRL，确认证书是否失效。

图 3.13 展示了数字证书的生成及验证流程：① A 生成公私钥对；② A 向认证中心 CA 注册自己的公钥 A（该步骤只在第一次注册时存在），认证中心 CA 用自己的私钥（私钥 CA）对 A 的公钥（公钥 A）施加数字签名并生成数字证书；③ B 得到带有认证机构 CA 的数字签名的 A 的公钥（证书）；④ B 使用认证机构 CA 的公开公钥（公钥 CA）验证数字签名，确认公钥 A 的合法性。

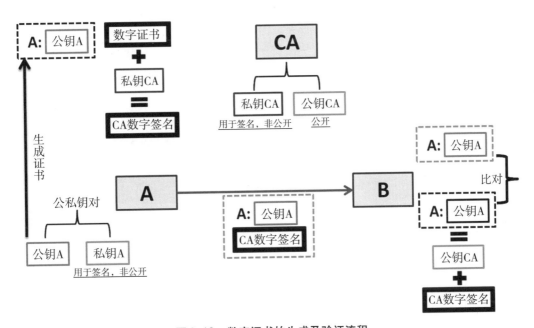

图 3.13　数字证书的生成及验证流程

对于认证机构的公钥，一般由其他认证机构施加数字签名，从而对认证机构的公钥进行验证，即生成一张认证机构的公钥证书，这样的关系可以迭代好几层，以杜绝中间人假冒认证机构 CA。最高一层的认证机构被称为根 CA，根 CA 会对自己的公钥进行数字签名，即自签名，也会在根 CA 间互相签名。

（三）典型应用

1. IPSec VPN

指采用 IPSec 协议来实现远程接入的一种 VPN 技术，IPSec 全称为 internet protocol security，是由 Internet Engineering Task Force（IETF）定义的安全标准框架，在公网上为两个私有网络提供安全通信通道，通过加密通道保证连接的安全——在两个公共网关间提供私密数据封包服务如图 3.14 所示。导入 IPSec 协议，原因有两个。

（1）原来的 TCP/IP 体系中间，没有包括基于安全的设计，任何人只要能够搭入线路，即可分析所有的通信数据。IPSec 引进了完整的安全机制，包括加密、认证和数据防篡改功能。

（2）因为因特网迅速发展，接入越来越方便，很多客户希望能够利用这种上网的带宽，实现异地网络的互通。IPSec 协议通过包封装技术，能够利用因特网可路由的地址，封装内部网络的 IP 地址，实现异地网络的互通。

IPSec VPN 包含三个主要协议：鉴别头（authentication header，AH）、封装安全载荷（encapsulating security payload，ESP）、互联网密钥交换（internet key exchange，IKE）。鉴别头（AH）是一个提供数据源发鉴别、数据完整性和重放保护的协议；封装安全载荷（ESP）是一种提供同 AH 相同的服务，但同时也通过使用密码技术提供数据隐私的协议；互联网密钥交换（IKE）是一种提供所有重要的密钥管理功能的协议。IKE 的替代是 IPSec 也支持的手工密钥。

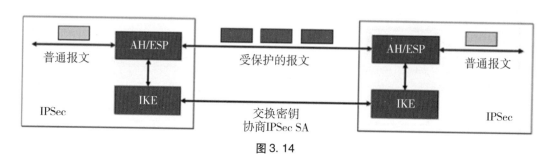

图 3.14

IPsec 运行于两种模式。其一，传输模式：一种为 IP 数据包的上层协议提供安全的方法（图 3.15）。其二，隧道模式：一种为整个 IP 包提供安全的方法（图 3.16）。

2. HTTPS

HTTPS（全称：hyper text transfer protocol over secure socket layer），是以安全为目标的 HTTP 通道，在 HTTP 的基础上通过传输加密和身份认证保证了传输过程的安全性。HTTPS 在 HTTP 的基础下加入 SSL，HTTPS 的安全基础是 SSL，因此加密的详细内容就需要 SSL。HTTPS 存在不同于 HTTP 的默认端口及一个加密/身份验证层（在 HTTP 与 TCP 之间）。

HTTP 虽然使用极为广泛，但是却存在不小的安全缺陷，主要是其数据的明文传送和消息完整性检测的缺乏，而这两点恰好是网络支付、网络交易等新兴应用中安全方面最需要关注的。

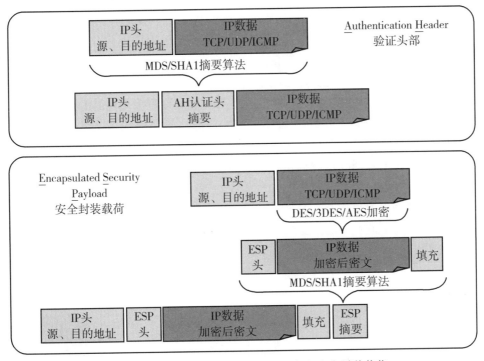

图 3.15 IPSec 的传输模式：验证头部和安全封装载荷

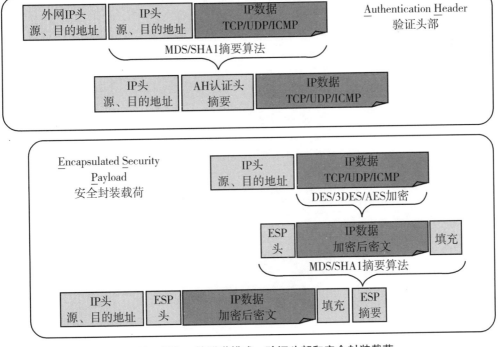

图 3.16 IPSec 的隧道模式：验证头部和安全封装载荷

　　关于 HTTP 的明文数据传输，攻击者最常用的攻击手法就是网络嗅探，试图从传输过程当中分析出敏感的数据，例如管理员对 Web 程序后台的登录过程等等，从而获取网站管理权限，进而渗透到整个服务器的权限。即使无法获取到后台登录信息，攻击者也可以从网络中获取普通用户的隐秘信息，包括手机号码、身份证号码、信用卡号等重要资料，导致严重的安全事故。进行网络嗅探攻击非常简单，对攻击者的要求很低。使用网络发布的任意一款抓包工具，一个新手就有可能获取到大型网站的用户信息。

　　另外，HTTP 在传输客户端请求和服务端响应时，唯一的数据完整性检验就是在报文头部包含了本次传输数据的长度，而对内容是否被篡改不做确认。因此攻击者可以轻易地发动中间人攻击，修改客户端和服务端传输的数据，甚至在传输数据中插入恶意代码，导致客户端被引导至恶意网站被植入木马。

　　HTTPS 协议是由 HTTP 加上 TLS/SSL 协议构建的可进行加密传输、身份认证的网络协议，主要通过数字证书、加密算法、非对称密钥等技术完成互联网数据传输加密，实现互联网传输安全保护（如图 3.17 所示）。设计目标主要有三个。

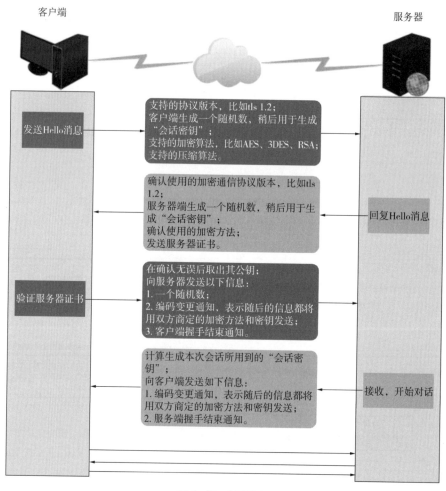

图 3.17　HTTPS

（1）数据保密性。保证数据内容在传输的过程中不会被第三方查看。就像快递员传递包裹一样，都进行了封装，别人无法获知里面装了什么。

（2）数据完整性。及时发现被第三方篡改的传输内容。就像快递员虽然不知道包裹里装了什么东西，但他有可能中途掉包，数据完整性就是指如果被掉包，我们能轻松发现并拒收。

（3）身份校验安全性。保证数据到达用户期望的目的地。就像我们邮寄包裹时，虽然是一个封装好的未掉包的包裹，但必须确定这个包裹不会被送错地方，通过身份校验来确保送对了地方。

SSL 通过在浏览器软件和 Web 服务器之间建立一条安全通道，实现信息在 Internet 中传送的保密性。SSL 会话主要分为三步：①客户端向服务器端索要并验证证书；②双方协商生成"会话密钥"，对成密钥；③双方采用"会话密钥"进行加密通信。

三、审计和监控技术

（一）安全审计系统

安全审计是对认证和访问控制的有效补充。安全审计对用户的操作进行记录和检查，对于追查责任和恢复数据十分重要。审计是对日志记录的分析，可以以清晰可理解的方式来表述系统信息，使得系统分析员可以评审资源的使用模式。

通过安全审计可以记录系统访问的过程和系统保护机制的运行状态，发现试图绕过保护机制的行为，即时发现用户身份的变化，报告并阻碍绕过保护机制的行为并记录相关的过程，为灾难的恢复提供信息。

一个审计系统通常由日志记录器、分析器和通告器三部分组成，分别用于收集数据、分析数据和通报结果。

1. 日志记录器

日志记录器可以把信息记录成二进制形式或可读的形式，然后由系统来提供日志浏览工具，用户可以使用工具来检查原始数据和使用文本处理工具来编辑数据。

对于日志的内容，日志应该记录每一个可能的事件，但是这样做是不现实的，原因是产生的日志文件存储量将远远大于业务系统，而且会严重影响系统的性能。在一般的情况下，日志除了应当记录任何必要的事件，来检测已知的攻击模式和异常的攻击模式，日志还应当记录下关于记录系统连续可靠工作的信息。因此，通常情况下，日志包含时间、引发事件的用户、事件源的位置、事件类型和事件成败等。

2. 分析器

用户通过分析器分析日志数据，分析的结果可能会改变正在记录的数据，也可能只检测一些事件或问题。通过对日志的分析，发现所需事件信息和规律是安全审计的根本目的。

日志分析就是在日志中寻找模式，主要分析的内容有：①潜在的侵害分析。②基于异常检测的轮廓。日志分析应当确定用户正常行为的轮廓，当日志中的事件违反正常访问的轮廓时，日志分析就应该指出将要发生的威胁。③简单攻击探测和复杂攻击探测。

3. 通告器

分析器把分析的结果传送给通告器，通告器把审计的结果通告给系统管理员，管理员执行一些操作来响应通告的结果。

（二）安全监控技术

1. 恶意行为监控

恶意行为监控主要分为两类：主机监测和网络监测。主机监测是通过反病毒软件之类的程序，对入侵主机的恶意代码进行检测和警告，这种方式取决于安装入侵检测软件的主机数目，可监测的地址空间规模有限。

网络监测中最常用的第一种技术是在活动网络中被动监听网络流量，利用算法识别网络入侵行为。这种方式区分恶意和善意的流量非常困难，从而使监测中存在许多虚警。第二种技术就是在未使用的 IP 地址空间内被动收集数据，通常采用发布全球路由公告的方式，将发送未使用的地址空间的分组全部路由至特定网络流量手机设备。与主机监控相比，这种监控方式能扩大监测空间的地址规模，但是无法获取特定安全事件的详细信息。第三种技术是将未使用的地址空间伪装成活动的网络空间，通过与入侵者的主动交互而获取入侵的详细信息，如蜜罐技术，可以使用 Honeyd 来实现。

2. 蜜网技术

蜜网技术是在蜜罐技术上发展起来的一种技术，又称诱捕网络，蜜网技术的主要目的是收集黑客的攻击信息，蜜网构成了一个黑客诱捕网络体系架构，在这个架构中可以使用多个蜜罐，同时保证了网络的高度可控性。

3. 恶意代码诱捕系统

恶意代码诱捕系统由高交互蜜罐、低交互蜜罐和主机行为见识模块 3 部分组成。其中，高交互蜜罐和低交互蜜罐用来实现引诱的功能，主机行为见识模块用来实现捕的功能。高交互蜜罐是用来做攻击诱捕的有真实操作系统的虚拟机系统，可以收集到丰富的主机响应信息，而且蜜罐系统可以提供常用的 Web 或 Ftp 服务，同时有意留下一些漏洞不打补丁。低交互蜜罐通过脚本或其他形式程序虚拟部分操作系统及服务行为，同时模拟系统服务漏洞，以达到诱捕的目的。主机行为监视模块安装在高交互蜜罐上，负责捕获系统网络的连接变化、文件系统编号、系统服务变化、进程变化等操作系统主机的行为信息，生成主机监视日志，同时通过文件系统的变化情况来提炼恶意样本文件。主机行为监视性模块应当具有隐蔽性。互联网上的恶意代码攻击高交互蜜罐系统上存在安全漏洞的网络服务，并感染蜜罐系统，大部分情况下，恶意代码会感染蜜罐主机中的文件系统，监控组件通过截获文件系统调用，实时捕获新建或修改的恶意代码样本文件。

（三）内容审计技术

内容审计主要就是处理一些不合法的信息，比如网络舆论分析系统。网络舆论分析系统首先包括舆论分析引擎，用来识别一些敏感信息，可以对一些突发事件的舆论等进行分析，然后通过报警系统对敏感话题进行报警，并且能生成一份统计报告。其次就是自动信息采集技术。比如通过搜索引擎的爬虫，来搜索网站上的信息；还有就是运用数据清理功能，可以清理掉一些无关的信息。舆论分析系统的核心在于舆论分析引擎。

　　网络信息内容审计系统包括对网络信息报文的格式的完整性和合法性进行形式化审查和对报文类型与内容的审查两部分，主要在应用层对信息内容进行审计分析，发现可疑行为，并做出相应操作。网络信息审计系统分为流水线模型和分段式模型，流水线模型是可以使两个或多个操作在执行时发生重叠的技术，在流水线操作中一个任务被分为多个子任务。分段式模型是先收集某个网段内一定时间内的数据，然后进行离线分析。流水线模型要求各个部分的处理速度基本相同，而分段式模型的瓶颈在于其包捕获能力，仅能对部分时间内的高速流量进行处理。

四、Web 应用安全

　　基于 Web 环境的互联网应用越来越广泛，企业信息化的过程中，各种应用都架设在 Web 平台上，Web 业务的迅速发展也引起黑客们的强烈关注，接踵而至的就是 Web 安全威胁的凸显。黑客利用网站操作系统的漏洞和 Web 服务程序的 SQL 注入漏洞等得到 Web 服务器的控制权限，轻则篡改网页内容，重则窃取重要内部数据，更为严重的则是在网页中植入恶意代码，使得网站访问者受到侵害。这也使得越来越多的用户关注应用层的安全问题，对 Web 应用安全的关注度也逐渐升温。

（一）现状原因

　　很多业务都依赖于互联网，例如说网上银行、网络购物、网游等，很多恶意攻击者出于不良的目的对 Web 服务器进行攻击，想方设法通过各种手段获取他人的个人账户信息谋取利益。正是因为这样，Web 业务平台最容易遭受攻击。同时，对 Web 服务器的攻击也可以说是形形色色、种类繁多，常见的有挂马、SQL 注入、缓冲区溢出、嗅探、利用 IIS 等针对 webserver 漏洞进行攻击。

　　一方面，由于 TCP/IP 的设计是没有考虑安全问题的，这使得在网络上传输的数据是没有任何安全防护的。攻击者可以利用系统漏洞造成系统进程缓冲区溢出，攻击者可能获得或者提升自己在有漏洞的系统上的用户权限来运行任意程序，甚至安装和运行恶意代码，窃取机密数据。而应用层面的软件在开发过程中也没有过多考虑到安全的问题，这使得程序本身存在很多漏洞，诸如缓冲区溢出、SQL 注入等流行的应用层攻击，这些均属于在软件研发过程中疏忽了对安全的考虑所致。另一方面，用户对某些隐秘的东西带有强烈的好奇心，一些利用木马或病毒程序进行攻击的攻击者，往往就利用了用户的这种好奇心理。攻击者将木马或病毒程序捆绑在一些艳丽的图片、音视频及免费软件等文件中，然后把这些文件置于某些网站当中，再引诱用户去单击或下载运行；或者通过电子邮件附件和 QQ、MSN 等即时聊天软件，将这些捆绑了木马或病毒的文件发送给用户，利用用户的好奇心理引诱用户打开或运行这些文件。

（二）攻击种类

1. SQL 注入

即通过把 SQL 命令插入 Web 表单递交或输入域名或页面请求的查询字符串，最终达

到欺骗服务器执行恶意的 SQL 命令的目的。比如，先前的很多影视网站泄露 VIP 会员密码大多就是通过 Web 表单递交查询字符曝出的，这类表单特别容易受到 SQL 注入式攻击。

2. 跨站脚本攻击（也称为 XSS）

指利用网站漏洞从用户那里恶意盗取信息。用户在浏览网站、使用即时通讯软件、甚至在阅读电子邮件时，通常会点击其中的链接。攻击者通过在链接中插入恶意代码，就能够盗取用户信息。

3. 网页挂马

把一个木马程序上传到一个网站里面然后用木马生成器生成一个网马，再上传到空间里面，再加代码使得木马在打开的网页里运行。

（三）Web 应用防护墙

Web 应用安全问题本质上源于软件质量问题。但 Web 应用与传统的软件相比，具有其独特性。Web 应用往往是某个机构所独有的应用，对其存在的漏洞，已知的通用漏洞包括：签名缺乏有效性；需要频繁地变更以满足业务目标，从而很难维持有序的开发周期；需要全面考虑客户端与服务端的复杂交互场景，而很多开发者往往没有很好地理解业务流程；人们通常认为 Web 开发比较简单，缺乏经验的开发者也可以胜任。

理想情况下，Web 应用安全应该在软件开发生命周期遵循安全编码原则，并在各阶段采取相应的安全措施。然而，多数网站的实际情况是：大量早期开发的 Web 应用，由于历史原因，都存在不同程度的安全问题。对于这些已上线、正提供生产的 Web 应用，由于其定制化特点决定了没有通用补丁可用，而整改代码因代价过大变得较难施行或者需要较长的整改周期。

面对这种现状，专业的 Web 安全防护工具是一种合理的选择。Web 应用防火墙（以下简称 WAF）正是这类专业工具，它提供了一种安全运营维护控制手段：基于对HTTP/HTTPS 流量的双向分析，为 Web 应用提供实时的防护。

五、恶意代码

恶意代码（malicious code）又称为恶意软件（malicious software，malware），是能够在计算机系统中进行非授权操作，以实施破坏或窃取信息的代码。恶意代码范围很广，包括利用各种网络、操作系统、软件和物理安全漏洞来向计算机系统传播恶意负载的程序性的计算机安全威胁。也就是说，我们可以把常说的病毒、木马、后门、垃圾软件等一切有害程序和应用都可以统称为恶意代码。

（一）恶意代码的分类

（1）病毒（virus）。很小的应用程序或一串代码，能够影响主机应用。病毒有两大特点：繁殖（propagation）和破坏（destruction）。病毒的繁殖功能定义了病毒在系统间扩散的方式，其破坏力则体现在病毒负载中。

（2）特洛伊木马（Trojan horses）。可以伪装成他类的程序。看起来像是正常程序，一旦被执行，将进行某些隐蔽的操作。比如一个模拟登录接口的软件，它可以捕获毫无戒心的用户的口令。可使用 HIDS 检查文件长度的变化。

（3）内核套件（root 工具）。是攻击者用来隐藏自己的踪迹和保留 root 访问权限的工具。

（4）逻辑炸弹（logic bombs）。可以由某类事件触发执行，例如某一时刻（一个时间炸弹），或者是某些运算的结果。软件执行的结果可以千差万别，从发送无害的消息到系统彻底崩溃。

（5）蠕虫（worm）。像病毒那样可以扩散，但蠕虫可以自我复制，不需要借助其他宿主。

（6）僵尸网络（botnets）。是由 C&C 服务器以及僵尸牧人控制的僵尸网络。

（7）间谍软件（spyware）。间谍软件就是能偷偷安装在受害者电脑上并收集受害者的敏感信息的软件。

（8）恶意移动代码。移动代码指可以从远程主机下载并在本地执行的轻量级程序，不需要或仅需要极少的人为干预。移动代码通常在 Web 服务器端实现。恶意移动代码是指在本地系统执行一些用户不期望的恶意动作的移动代码。

（9）后门。指能够绕开正常的安全控制机制，从而为攻击者提供访问途径的一类恶意代码。攻击者可以通过使用后门工具对目标主机进行完全控制。

（10）广告软件（adware）。自动生成（呈现）广告的软件。

上述分类只是个大概，各种恶意代码常常是你中有我，我中有你。而且在实际中，攻击者经常会将多种恶意代码组合起来使用。

（二）恶意代码的攻击机制

恶意代码的行为表现各异，破坏程度千差万别，但基本作用机制大体相同，其整个作用过程分为 6 个部分（图 3.18）。

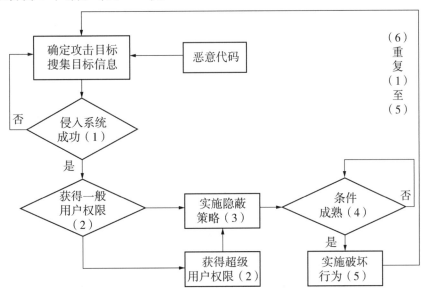

图 3.18　恶意代码的攻击机制

（1）侵入系统。侵入系统是恶意代码实现其恶意目的的必要条件。恶意代码入侵的途径很多，如：从互联网下载的程序本身就可能含有恶意代码，接收已经感染恶意代码的电子邮件，从光盘或 U 盘往系统上安装软件，黑客或者攻击者故意将恶意代码植入系统等。

（2）维持或提升现有特权。恶意代码的传播与破坏必须盗用用户或者进程的合法权限才能完成。

（3）隐蔽策略。为了不让系统发现恶意代码已经侵入系统，恶意代码可能通过改名、删除源文件或者修改系统的安全策略来隐藏自己。

（4）潜伏。恶意代码侵入系统后，等待一定的条件，并具有足够的权限时，就发作并进行破坏活动。

（5）破坏。恶意代码的本质具有破坏性，其目的是造成信息丢失、泄密，破坏系统完整性等。

（6）重复（1）—（5），对新的目标实施攻击。

（三）恶意代码的危害

恶意代码不仅使企业和用户蒙受巨大的经济损失，而且使国家的安全面临着严重威胁。1991 年的海湾战争，美国第一次公开在实战中使用恶意代码攻击技术并取得重大军事利益，从此恶意代码攻击成为信息战、网络战最重要的入侵手段之一。恶意代码问题无论从政治上、经济上，还是军事上，都成为信息安全面临的首要问题。目前，恶意代码的危害主要表现在以下几个方面。

1. 破坏数据

很多恶意代码发作时直接破坏计算机的重要数据，所利用的手段有格式化硬盘、改写文件分配表和目录区、删除重要文件或者用无意义的数据覆盖文件等。例如，磁盘杀手病毒（disk killer）在硬盘感染后累计开机时间 48 小时内发作，发作时屏幕上显示"Warning！！ Don't turn off power or remove diskette while Disk Killer is Processing！"，并改写硬盘数据。

2. 占用磁盘存储空间

引导型病毒的侵占方式通常是病毒程序本身占据磁盘引导扇区，被覆盖的扇区的数据将永久性丢失，无法恢复。文件型的病毒利用一些 DOS 功能进行传染，检测出未用空间把病毒的传染部分写进，所以一般不会破坏原数据，但会非法侵占磁盘空间，文件会不同程度地加长。

3. 抢占系统资源

大部分恶意代码在动态下都是常驻内存的，必然抢占一部分系统资源，致使一部分软件不能运行。恶意代码总是修改一些有关的中断地址，在正常中断过程中加入病毒体，干扰系统运行。

4. 影响计算机运行速度

恶意代码不仅占用系统资源覆盖存储空间，还会影响计算机运行速度。比如，恶意代码会监视计算机的工作状态，伺机传染激发；还有些恶意代码会为了保护自己，对磁盘上的恶意代码进行加密，导致 CPU 要多执行解密和加密过程，额外执行上万条指令。

（四）恶意代码分析

恶意代码分析主要有静态分析和动态分析两大类技术方法。

1. 静态分析

指直接查看分析代码本身，优点在于分析覆盖率较高。主要包括：反病毒软件扫描、文件格式识别、字符串提取分析、二进制结构分析、反汇编、反编译、代码结构与逻辑分析、加壳识别和代码脱壳。

（1）反病毒软件扫描。使用现成的反病毒软件来扫描待分析的样本，以确定代码是否含有病毒。

（2）文件格式识别。恶意代码通常是以二进制可执行文件格式存在的，其他的存在形式还包括脚本文件、带有宏指令的数据文件、压缩文件等。文件格式识别能够让我们快速地了解待分析样本的文件格式。对于二进制可执行文件而言，了解样本的格式也意味着我们获知了恶意代码所期望的运行平台。在 Windows 平台上，二进制可执行的 exe 和 dll，都是以 pe 文件格式组织的，而在 Linux 平台上，可执行文件格式则是 elf。

（3）字符串提取分析。有时恶意代码的作者会在自己的作品中放入某个特定的 url 或 email 地址，或者恶意代码会使用到某个特定的库文件和函数。利用字符串提取技术，可以帮助我们分析恶意代码的功能和结构。

（4）反汇编、反编译。可根据二进制文件最大限度地恢复出源代码，帮助分析代码结构。

（5）加壳识别和代码脱壳：恶意代码的加壳会对深入的静态分析构成阻碍，因此对加壳进行识别以及代码脱壳是支持恶意代码静态分析的一项关键性的技术手段。

2. 动态分析技术

指通过实际运行恶意代码，跟踪和观察其执行的细节来帮助分析理解代码的行为和功能。其局限性在于实际执行过程受环境的限制，通常无法实际执行所有分支路径，因此需要与静态分析结合使用。主要包括：快照比对、系统动态行为监控、网络协议栈监控、沙箱、动态调试等。

（1）快照比对。对原始的"干净"系统资源列表做一个快照，然后激活恶意代码并给予充分的运行时间，如 5 分钟，之后我们再对恶意代码运行后"脏"的系统资料列表进行快照，并对比两个快照之间的差异，从而获取恶意代码行为对系统所造成的影响。常使用的工具有：FileSnap、RegSnap、完美卸载等。

（2）系统动态行为监控。是目前恶意代码动态行为分析中最为核心和常用的技术步骤，针对恶意代码对文件系统、运行进程列表、注册表、本地网络栈等方面的行为动作，进行实时监视、记录和显示。

（3）网络协议栈监控方法。可从本地网络上的其他主机来检测承受恶意代码攻击的机器的行为，如恶意代码所开放的 TCP 或 UDP 端口，对外发起的网络连接和通信会话等。

（五）恶意代码的检测与防范

基于上述分析技术，可以运用如下技术手段进行恶意代码的检测和防范。

1. 误用检测技术

误用检测也被称为基于特征字的检测。它是目前检测恶意代码最常用的技术，主要源于模式匹配的思想。

误用检测的实现过程为：首先，根据已知恶意代码的特征关键字建立一个恶意代码特征库；其次，对计算机程序代码进行扫描；最后，与特征库中的已知恶意代码关键字进行匹配比较，从而判断被扫描程序是否感染恶意代码。

误用检测技术目前被广泛应用于反病毒软件中。早期的恶意代码主要是计算机病毒，其主要感染计算机文件，并在感染文件后留有该病毒的特征代码。通过扫描程序文件并与已知特征值相匹配，即可快速准确地判断是否感染病毒，并采取对应的措施清除该病毒。随着压缩和加密技术的广泛采用，在进行扫描和特征值匹配前，必须对压缩和加密文件先进行解压和解密，然后再进行扫描。而压缩和加密方法多种多样，这就大大增加了查毒处理的难度，有时甚至根本不能检测。同时，基于特征字的检测方法对变形病毒也显得力不从心。

2. 权限控制技术

恶意代码要实现入侵、传播和破坏等，必须具备足够权限。首先，恶意代码只有被运行才能实现其恶意目的，所以恶意代码进入系统后必须具有运行权限。其次，被运行的恶意代码如果要修改、破坏其他文件，则它必须具有对该文件的写权限，否则会被系统禁止。另外，如果恶意代码要窃取其他文件信息，它也必须具有对该文件的读权限。

权限控制技术通过适当地控制计算机系统中程序的权限，使其仅仅具有完成正常任务的最小权限，即使该程序中包含恶意代码，该恶意代码也不能或者不能完全实现其恶意目的。通过权限控制技术来防御恶意代码的技术包括沙箱技术、安全操作系统、可信计算等。

3. 完整性技术

恶意代码感染、破坏其他目标系统的过程，也是破坏这些目标完整性的过程。完整性技术就是通过保证系统资源，特别是系统中重要资源的完整性不受破坏，来阻止恶意代码对系统资源的感染和破坏。

校验和法就是完整性控制技术的一种应用，它主要通过 Hash 值和循环冗余码来实现，即首先将未被恶意代码感染的系统生成检测数据，然后周期性地使用校验和法检测文件的改变情况，只要文件内部有一个比特发生了变化，校验和值就会改变。

校验和法能够检测未知恶意代码对目标文件的修改，但存在两个缺点。其中，校验和法实际上不能检测目标文件是否被恶意代码感染，它只是查找文件的变化，而且即使发现文件发生了变化，也无法将恶意代码消除，更不能判断所感染的恶意代码类型。其二，校验和法常被恶意代码通过多种手段欺骗，使之检测失效，而误判断文件没有发生改变。

在恶意代码对抗与反对抗的发展过程中，还存在其他一些防御恶意代码的技术和方法，比如常用的有网络隔离技术和防火墙控制技术，以及基于生物免疫的病毒防范技术、基于移动代理的恶意代码检测技术等。

六、网络安全

（一）TCP/IP 简介

TCP/IP（transmission control protocol/internet protocol，传输控制协议/网际协议）是指能够在多个不同网络间实现信息传输的协议簇。TCP/IP 协议不仅仅指的是 TCP 和 IP 两个协议，还包括由 FTP、SMTP、TCP、UDP、IP 等协议构成的协议簇，只是因为在 TCP/IP 协议中 TCP 协议和 IP 协议最具代表性，所以被称为 TCP/IP 协议。该协议在常规的计算机网络中具有十分广泛的应用，主要由两部分构成，分别为 IP 协议和 TCP 协议。该协议运用四层模式的结构，这四层分别为网络接口、计算机网络、数据传输以及应用。

（二）TCP/IP 协议历史

1. 产生背景

Internet 网络的前身 ARPANET 当时使用的并不是 TCP/IP，而是一种叫网络控制协议（network control protocol，NCP）的网络协议。但随着网络的发展和用户对网络的需求不断提高，设计者们发现，NCP 协议存在很多缺点以至于不能充分支持 ARPANET 网络，特别是 NCP 仅能用于同构环境中（所谓同构环境是网络上的所有计算机都运行相同的操作系统），设计者就认为"同构"这一限制不应被加到一个分布广泛的网络上。1980 年，用于"异构"网络环境中的 TCP/IP 协议研制成功，也就是说，TCP/IP 协议可以在各种硬件和操作系统上实现互操作。1982 年，ARPANET 开始采用 TCP/IP 协议。

2. 产生过程

1973 年，卡恩与瑟夫开发出了 TCP/IP 协议中最核心的两个协议：TCP 协议和 IP 协议。

1974 年 12 月，卡恩与瑟夫正式发表了 TCP/IP 协议并对其进行了详细的说明。同时，为了验证 TCP/IP 协议的可用性，卡恩和琴夫做了一个实验，将一个数据包由一端发出，经过近 10 万千米的旅程后到达服务端，在这次传输中，数据包没有丢失一个字节。这充分说明了 TCP/IP 协议的成功。

1983 年元旦，TCP/IP 协议正式替代 NCP，从此以后，TCP/IP 成为大部分因特网共同遵守的一种网络规则。

1984 年，TCP/IP 协议得到美国国防部的肯定，成为多数计算机共同遵守的一个标准。

2005 年 9 月 9 日，卡恩和瑟夫由于对于美国文化做出的卓越贡献被授予总统自由勋章。

（三）TCP/IP 协议组成

1．概述

粗略地说，TCP/IP 协议由网络接口层（含物理层和链路层）、网络层（包括 IP 协议、ICMP 协议、IGMP 协议）、传输层（包括 TCP 和 UDP）以及应用层（又可分为会话层、表示层和应用层）等四个层次组成（图 3.19）。

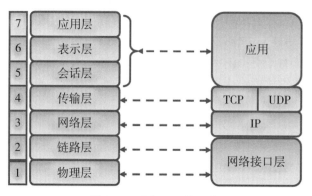

图 3.19　TCP/IP 协议栈

如图 3.20 所示，网络接口层有时也称作数据链路层，通常包括操作系统中的设备驱动程序和计算机中对应的网络接口卡。它们一起处理与电缆（或其他任何传输媒介）的物理接口细节。

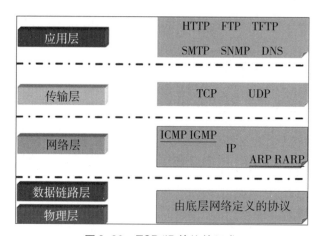

图 3.20　TCP/IP 协议的组成

网络层有时也称作互联网层，处理分组在网络中的活动，例如分组的选路。在 TCP/IP 协议簇中，网络层协议包括 IP 协议（网际协议），ICMP 协议（Internet 互联网控制报文协议），以及 IGMP 协议（Internet 组管理协议）。

传输层主要为两台主机上的应用程序提供端到端的通信。在 TCP/IP 协议簇中，有两个互不相同的传输协议：TCP（传输控制协议）和 UDP（用户数据报协议）。TCP 为两台主机提供高可靠性的数据通信。它所做的工作包括把应用程序交给它的数据分成合适的小块交给下面的网络层，确认接收到的分组，设置发送最后确认分组的超时时钟等。由于传输层提供了高可靠性的端到端的通信，因此应用层可以忽略所有这些细节。UDP 则为应用层提供一种非常简单的服务。它只是把称作数据报的分组从一台主机发送到另一台主机，但并不保证该数据报能到达另一端。任何必需的可靠性必须由应用层来提供。

应用层负责处理特定的应用程序细节。几乎各种不同的 TCP/IP 实现都会提供下面这些通用的应用程序：

- Telnet 远程登录；
- FTP 文件传输协议；
- SMTP 简单邮件传送协议；
- SNMP 简单网络管理协议。

2. 网络接口层（数据链路层）

链路层协议是 Internet 协议簇中的最底层协议。在 TCP/IP 协议簇中，链路层主要有三个目的：

- 为 IP 模块发送和接收 IP 数据报；
- 为 ARP 模块发送 ARP 请求和接收 ARP 应答；
- 为 RARP 发送 RARP 请求和接收 RARP 应答。

TCP/IP 支持多种不同的链路层协议，这取决于网络所使用的硬件，如以太网、令牌环网、FDDI（光纤分布式数据接口）及 RS-232 串行线路等。

以太网链路层协议包括两个串行接口链路层协议（SLIP 和 PPP），以及大多数实现都包含的环回（loopback）驱动程序。

（1）SLIP：串行线路 IP。

它是一种在串行线路上对 IP 数据报进行封装的简单形式，下面的规则描述了 SLIP 协议定义的帧格式：

- IP 数据报以一个称作 END（0xc0）的特殊字符结束，同时，为了防止数据报到来之前的线路噪声被当成数据报内容，大多数在数据报的开始处也传一个 END 字符（如果有线路噪声，那么 END 字符将继续传输这份错误的报文，这样当前的报文得以正确的传输，而前一个错误报文交给上层后，会发现其内容毫无意义而被丢弃）。

- 如果 IP 报文中某个字符为 END，那么就要连续传输两个字节 0xdb 和 0xdc 来取代它。0xdb 这个特殊字符被称作 SLIP 的 ESC 字符。

- 如果 IP 报文中的某个字符为 SLIP 的 ESC 字符，那么就要连续传输两个字节 0xdb 和 0xdd 来取代它。

SLIP 是一种简单的帧封装方法，其中有一些缺陷：

- 每一端必须知道对象的 IP 地址，没有办法把本端的 IP 地址通知给另一端。

- 数据帧中没有类型字段，如果一条串行线路用于 SLIP，那么它不能同时使用其他协议。

- SLIP 没有在数据帧中加上校验和，如果 SLIP 传输的报文被线路噪声影响而发生错误，只能通过上层协议来发现（另一种方法是新型的调制解调器可以检测并纠正错误

报文)。

尽管存在这些缺点，SLIP 仍然是一种广泛使用的协议。

（2）PPP：点对点协议。

PPP 点对点协议修改了 SLIP 协议中的所有缺陷。PPP 包括以下三个部分：

● 在串行链路上封装 IP 数据报的方法。PPP 既支持数据为 8 位和无奇偶检验的异步模式（如大多数计算机上都普遍存在的串行接口），还支持面向比特的同步链接。

● 建立、配置及测试数据链路的链路控制协议（LCP：link control protocol）。它允许通信双方进行协商，以确定不同的选项。

● 针对不同网络层协议的网络控制协议（NCP：network control protocol）体系。当前 RFC 定义的网络层有 IP、OSI 网络层、DECnet 以及 AppleTalk。

与 SLIP 相比，PPP 具有下面这些优点：

● PPP 支持在单根串行线路上运行多张协议，不只是 IP 协议。

● 每一帧都有循环冗余检验。

● 通信双方可以进行 IP 地址的动态协商（使用 IP 网络控制协议）。

● 与 CSLIP 类似，对于 TCP 和 IP 报文首部进行压缩。

● 链路控制协议可以对多个数据链路选项进行设置。

为这些优点付出的代价是在每一帧的首部增加 3 个字符，当建立链路时要发送几帧协商数据。

（3）环回接口。

大多数产品都支持环回接口（loopback interface），以允许运行在同一台主机上的客户程序和服务器程序通过 TCP/IP 进行通信。A 类网络号 127 就是为环回接口预留的，根据惯例，大多数系统把 IP 地址 127.0.0.1 分配给这个接口，并命名为 localhost。一个传给环回接口的 IP 数据报不能在任何网络上出现：一旦传输层检测到目的端地址是环回地址时，应该可以省略部分传输层和所有网络层的逻辑操作。但是大多数的产品还是照样完成传输层和网络层的所有过程，只是当 IP 数据报离开网络层时把它返回给自己。

图 3.21 为环回接口处理 IP 数据报的过程。图中需要指出的关键点是：

● 传给环回地址（一般是 127.0.0.1）的任何数据均作为 IP 输入。

● 传给广播地址或多播地址的数据报复制一份传给环回接口，然后送到以太网上。

● 任何传给该主机 IP 地址的数据均送到环回接口。

（4）最大传输单元 MTU。

以太网和 802.3 对数据帧的长度都有一个限制，其最大值分别是 1500 和 1492 字节。链路层的这个特性称作最大传输单元（MTU），不同类型的网络大多都有一个上限。如果 IP 层有一个数据报要传，而且数据的长度比链路层的 MTU 还大，那么 IP 层就需要进行分片，把数据报分成若干片，这样每一片都小于 MTU。点到点的链路层（如 SLIP 和 PPP）的 MTU 并非指的是网络媒体的物理特性。相反，它是一个逻辑限制，目的是为交互使用提供足够快的响应时间。

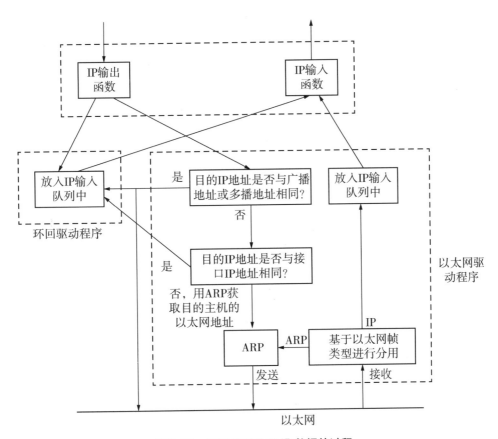

图 3.21　环回接口处理 IP 数据的过程

3. 网络层

在网络中，每台计算机都有一个唯一的地址，方便别人找到它，这个地址称为 IP 地址。IP 是 TCP/IP 协议簇中最为核心的协议，所有的 TCP/UDP/ICMP 及 IGMP 数据都以 IP 数据报格式传输。IP 提供不可靠、无连接的数据报传送服务：

- 不可靠（unreliable）指的是它不能保证 IP 数据报能成功地到达目的地。

- 如果发生某种错误时，如某个路由器暂时用完了缓冲区，IP 有一个简单的错误吹算法：丢弃该数据报，然后发送 ICMP 消息报给信源端。

- 任何要求的可靠性必须由上层来提供（如 TCP）。

- 无连接指的是 IP 并不维护任何关于后续数据报的状态信息，每个数据报的处理是相互独立的。

- IP 数据报可以不按顺序接收，如果一信源向相同的信宿发送两个连续的数据报（先是 A 然后是 B），每个数据报都是独立地进行路由选择，可能选择不同的路线，因此 B 可能在 A 到达之前先到达。

（1）IP 首部。

普通的 IP 首部长为 20 个字节，除非含有选项字段。IP 数据报格式及首部中的各字段，如图 3.22 所示。

图3.22 IP数据报首部格式

- 最高位在左边，记为 0 bit，最低位在右边，记为 31 bit。
- 版本：目前的协议版本号是 4，因比 IP 有时也称作 IPv4。
- 首部长部：首部占 32 bit 字的数目，包括任何选项。由于它是一个 4 bit 字段，因此，首部最长为 60 个字节。
- 服务类型：包括一个 3 bit 的优先权子字段（现在已被忽略），4 bit 的 TOS 子字段和 1 bit 未用位必须置 0，4 bit 的 TOS 分别代表：最小时延、最大吞吐量、最高可靠性和最小费用，4 bit 中只能置其中 1 bit。
- 总长度：该字段用以指示整个 IP 数据包的长度，最长为 65535 字节，包括头和数据。
- 标识符：对主机发送的每一份数据报赋予唯一标识。
- 标志：分为 3 个字段，依次为保留位、不分片位和更多片位。
- 保留位：一般被置为 0。
- 不分片位：表示该数据报是否被分片，如果被置为 1，则不能对数据报进行分片，如果要对其进行分片处理，就应将其置为 0。
- 更多片位：除了最后一个分片，其他每个组成数据报的片都要将该位置设置为 1。
- 段偏移量：该分片相对于原始数据报开始处位置的偏移量。
- TTL（time to live 生存时间）：该字段用于表示 IP 数据包的生命周期，可以防止一个数据包在网络中无限循环地发下去。TTL 的意思是一个数据包在被丢弃之前在网络中的最大周转时间。该数据包经过的每一个路由器都会检查该字段中的值，当 TTL 的值为 0 时此数据包会被丢弃。TTL 对应于一个数据包通过路由器的数目，一个数据包每经过一个路由器，TTL 将减去 1。

- 协议号：用以指示 IP 数据包中封装的是哪个协议。
- 首部校验和：检验和是 16 位的错误检测字段。目的主机和网络中的每个网关都要重新计算报头的校验和，如果首部在传输过程中没有发生任何差错，那么接收方计算的结果应该为全 1；如果结果不是全 1（即检验错误），那么 IP 就会丢弃收到的数据报，但是不生成差错报文，由上层去发现数据并进行重传。
- 源 IP 地址：该字段用于表示数据包的源地址，指的是发送该数据包的设备的网络地址。
- 目标 IP 地址：该字段用于表示数据包的目标地址，指的是接收节点的网络地址。
- 任选项：是数据报中的一个可变长的可选信息，选项字段一直都是以 32 bit 作为接线，在必要时插入值为 0 填充字节，这样保证 IP 首部始终是 32 bit 的整数倍。

（2）IP 路由选择。

大多数主机采用如下 IP 路由选择机制：

- 如果目的主机与源主机直接相连（如点对点链路）或都在一个共享网络上（以太网或令牌环网），那 IP 数据报就直接送到目的主机上，否则主机把数据报发往一默认的路由器上，由路由器来转发该数据报。

路由表中的每一项都包含下面这些信息：

- 目的 IP 地址：它既可以是一个完整的主机地址，也可以是一个网络地址，由该表目中的标志字段来指定。
- 标志：其中一个标志指明目的 IP 地址是网络地址还是主机地址，另一个标志指明下一站路由器是真正的下一站路由器还是一个直接相连的接口。
- 为数据报的传输指定一个网络接口。

IP 路由选择是逐跳地进行的，IP 并不知道到达任何目的地的完整路径（除了那些与主机直接相连的目的地），所有的 IP 路由选择只为数据报传输提供下一站路由器的 IP 地址，它假定下一站路由器比发送数据报的主机更接近目的地，而且下一站路由器与该主机是直接相连的。

IP 路由选择主要完成以下这些功能：

- 搜索路由表，寻找能与目的 IP 地址完全匹配的表目（网络号和主机号都要匹配）。如果找到，则把报文发送给该表目指定的下一站路由器或直接连接的网络接口（取决于标志字段的值）。
- 搜索路由表，寻找能与目的网络号相匹配的表目。如果找到，则把报文发送给该表目指定的下一站路由器或直接连接的网络接口（取决于标志字段的值）。目的网络上的所有主机都可以通过这个表目来处置。
- 搜索路由表，寻找标为"默认（default）"的表目。如果找到，则把报文发送给该表目指定的下一站路由器。

如果上面这些步骤都没有成功，那么该数据报就不能被传送。如果不能传送的数据报来自本机，那么一般会向生成数据报的应用程序返回一个"主机不可达"或"网络不可达"的错误。为一个网络指定一个路由器，而不必为每个主机指定一个路由器，这

是 IP 路由选择机制的另一个基本特性。这样做可以极大地缩小路由表的规模，比如 Internet 上的路由器只有几千个表目，而不会是超过 100 万个表目。

（3）IP 地址的分类。

IP 地址的网络部分是由 Internet 地址分配机构来统一分配的，这样可以保证 IP 的唯一性。

● IP 地址中全为 1 的 IP 即 255.255.255.255，它称为限制广播地址，如果将其作为数据包的目标地址，可以理解为发送到所有网络的所有主机。

● IP 地址中全为 0 的 IP 即 0.0.0.0，它表示启动时的 IP 地址，其含义就是尚未分配时的 IP 地址。

● 127 是用来进行本机测试的，除了 127.255.255.255 外，其他 127 开头的地址都代表本机。

如图 3.23 所示，深灰色为网络部分，浅灰色为主机部分。

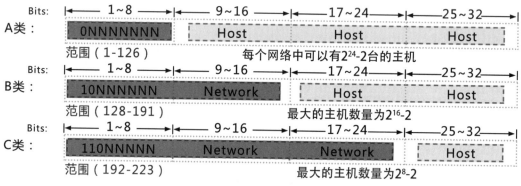

图 3.23　IP 地址的分类

（4）子网寻址。

现在所有的主机都要求支持子网编址。

如果把 IP 看成单纯地由一个网络号和一个主机号组成，A 类和 B 类地址为主机号，分配了太多的空间，可容纳的主机数分别为 $2^{24} - 2$ 和 $2^{16} - 2$（除了全 0 和全 1），然而，一个网络中，人们并不安排这么多的主机。

现在把主机号再分成一个子网号和一个主机号，如对一个 B 类地址，前 16 位为网络号，将后 16 位主机号拆分为 8 位子网号和 8 位主机号。子网对外部路由器来说隐藏了内部网络组织（校园或公司内部）的细节。这样，外部路由器仅需要知道下一跳路由的子网号，而无需知道具体的主机号，从而大大缩减了路由表的规模。

（5）子网掩码。

子网掩码（subnet mask）又叫子网络遮罩，它是一种用来指明一个 IP 地址的哪些位标识的是主机所在的子网，以及哪些位标识的是主机位的掩码。子网掩码不能单独存在，它必须结合 IP 地址一起使用。子网掩码只有一个作用，就是将某个 IP 地址划分成网络地址和主机地址两部分。

● 子网掩码也是 32 个二进制位。

- 对应 IP 的网络部分用 1 表示。
- 对应 IP 地址的主机部分用 0 表示。

IP 地址和子网掩码做逻辑与运算，就得到网络地址。

- 0 和任何数相与都是 0。
- 1 和任何数相与都等于任何数本身。

两种不同的 B 类地址子网掩码的例子，如图 3.24 所示。

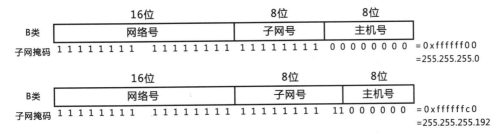

图 3.24　两种不同的 B 类地址子网掩码

A B C 三类地址都有自己默认的子网掩码：

- A 类 255.0.0.0。
- B 类 255.255.0.0。
- C 类 255.255.255.0。

给定 IP 地址和子网掩码后，主机就可以确定 IP 数据报的目的地是本子网上的主机、本网络中其他子网中的主机还是其他网络上的主机。

4. 传输层

（1）TCP：传输控制协议。

TCP 提供一种面向连接的、可靠的字节流服务。TCP 提供全双工服务，即数据可在同一时间双向传播。面向连接指的是两个使用 TCP 的应用（通常是客户端和服务端）在彼此交换数据之前必须先建立一个 TCP 连接，保证双向的接收和发送都是正常的。

TCP 通过下列方式来提供可靠性：

- 应用数据被分割成 TCP 认为最适合发送的数据块，由 TCP 传递给 IP 的信息单位，成为报文段或段（segment）。
- 当 TCP 发出一个段后，它启动一个定时器，等待目的端确认收到这个报文段，如果不能及时收到一个确认，将重发这个报文段。
- 当 TCP 收到发自 TCP 连接另一端的数据时，它将发送一个确认，这个确认不是立即发送，通常将推迟几分之一秒。
- TCP 将保持它首部和数据的检验和。这是一个端到端的检验和，目的是检测数据在传输过程中的任何变化。如果收到段的检验和有差错，TCP 将丢弃这个报文段和不确认收到此报文段（希望发端超时并重发）。
- 既然 TCP 报文段作为 IP 数据报来传输，而 IP 数据报的到达可能会失序，因此 TCP 报文段的到达也可能会失序。如果必要，TCP 将对收到的数据进行重新排序，将收到的数据以正确的顺序交给应用层。

- 既然 IP 数据报会发生重复，TCP 的接收端必须丢弃重复的数据。
- TCP 还能提供流量控制。TCP 连接的每一方都有固定大小的缓冲空间，TCP 的接收端只允许另一端发送接收端缓冲区所能接纳的数据，这将防止较快主机致使较慢主机的缓冲区溢出。

（2）TCP 数据包封装。

计算机通过端口号识别访问哪个服务，比如 HTTP 服务或 FTP 服务。发送方端口号是随机端口，目标端口号决定了接收方用哪个程序来接收。源端口号是发送 TCP 进程对应的端口号，目标端口号是目标端接收进程的端口号。TCP 数据包如图 3.25 所示。

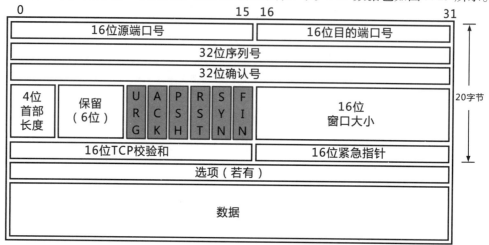

图 3.25　TCP 数据包

32 位序列号：TCP 用序列号对数据包进行标记，以便在到达目的地后重新重装。假设当前的序列号为 s，发送数据长度为 l，则下次发送数据时的序列号为 $s+l$。在建立连接时通常由计算机生成一个随机数作为序列号的初始值。

32 位确认号：对发送端的确认信息，告诉发送端这个序号之前的数据段都收到了。确认应答号，等于下一次应该接收到的数据的序列号。假设发送端的序列号为 s，发送数据的长度为 l，那么接收端返回的确认应答号也是 $s+l$。发送端接收到这个确认应答后，可以认为这个位置以前所有的数据都已被正常接收。

首部长度：TCP 首部的长度，单位为 4 字节。如果没有可选字段，那么这里的值就是 5。TCP 首部的最小长度为 20 字节。

控制位：TCP 的连接、传输和断开都受这六个控制位的指挥。

- PSH（push，急迫位）缓存区将满，立刻传输。
- RST（reset，重置位）连接断了，重新连接。
- URG（urgent，紧急位）紧急信号。只在 URG 控制位为 1 时有效。紧急指针指出了紧急数据的末尾在 TCP 数据部分中的位置。通常在暂时中断通信时使用（比如输入 Ctrl + C）。
- ACK（acknowledgement 确认）为 1 表示确认号。确认序列号有效位，表明该数据包包含确认信息。

- SYN（synchronous 建立联机）同步序号位。TCP 建立连接时要将这个值设为 1，为 1 时，请求建立连接。
- FIN（finish 完成）发送端完成位，提出断开连接的一方把 FIN 值设置为 1，表示要断开连接。为 1 时，数据报送完毕，请求断开连接。

窗口值：说明本地可接收数据段的数目，这个值的大小是可变的。当网络通畅时将这个窗口值变大可加快传输速度；当网络不稳定时，减少这个值可以保证网络数据的可靠传输。它是用来在 TCP 传输中进行流量控制的。

窗口大小：用于表示从应答号开始能够接受多个 8 位字节。

16 位校验和：主要用来实现差错控制。TCP 校验和的计算包括 TCP 首部、数据和其他填充字节。在发送 TCP 数据段时，由发送端计算校验和，当到达目的地时又进行一次检验和计算。如果两次校验和一致，说明数据是正确的，否则将认为数据被破坏，接收端将丢弃该数据。

（3）TCP 的三次握手。为了建立一条 TCP 连接，须经过以下过程：

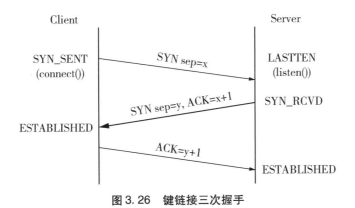

图 3.26　键链接三次握手

第一次握手：主机 A 通过一个标识为 SYN 标识位的数据段，发送给主机 B，请求连接，通过该数据段告诉主机 B 希望建立连接，需要 B 应答，并告诉主机 B 传输的起始序列号。

第二次握手：主机 B 用一个确认应答 ACK 和同步序列号 SYN 标志位的数据段来响应主机 A，一是发送 ACK 告诉主机 A 收到了数据段，二是通知主机 A 从哪个序列号做标记。

第三次握手：主机 A 确认收到了主机 B 的数据段，并可以开始传输实际数据。

这三个报文段完成连接的建立，这个过程也称为三次握手。

（4）TCP 的四次挥手：

建立一个连接需要三次握手，而终止一个连接要经过 4 次挥手，这是由 TCP 的半关闭造成的。

一个 TCP 连接是全双工（即数据在两个方向上能同时传递），因此每个方向必须单独地进行关闭。其原则就是，当一方完成它的数据发送任务后，就发送一个 FIN 来终止这个方向的链接；当一端收到一个 FIN，它必须通知应用层另一端已经终止了那个方向

的数据传送。发送 FIN 通常是应用层进行关闭的结果。

收到一个 FIN 只意味着在这一方向上没有数据流动。一个 TCP 连接在收到一个 FIN 后仍能发送数据。

首先进行关闭的一方（即发送第一个 FIN 的一方）将执行主动关闭，而另一方（收到这个 FIN）执行被动关闭。通常一方完成主动关闭而另一方完成被动关闭。

客户端发送 FIN 控制位发出断开连接的请求，用来关闭从客户端到服务器的数据传送；服务器收到这个 FIN，它发回一个 ACK，确认序号为收到的序号加 1。和 SYN 一样，一个 FIN 将占用一个序号。

TCP 服务器还向应用程序（即丢弃服务器）传送一个文件结束符，接着这个服务器程序就关闭它的连接。客户端确认收到服务器的关闭连接请求，发回一个确认，并将确认序号设置为收到序号加 1。

这样就完成了终止一个连接的典型挥手顺序，如图 3.27 所示。发送 FIN 将导致应用程序关闭它们的链接，这些 FIN 和 ACK 是由 TCP 软件自动产生的。

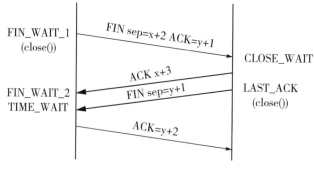

图 3.27　断链接四次挥手

连接通常是由客户端发起的，这样第一个 SYN 从客户端传到服务器，每一端都能主动关闭这个连接（即首先发送 FIN）。一般是由客户端决定何时终止连接，因为客户进程通常由用户交互控制。

（5）UDP：用户数据报协议。UDP 是一个无连接、不保证可靠性的传输层协议，也就是说，发送端不关心发送的数据是否到达目标主机、数据是否出错等，收到数据的主机也不会告诉发送方是否收到了数据，它的可靠性由上层协议来保障。其首部结构简单，在数据传输时能实现最小的开销。如果进程想发送很短的报文而对可靠性要求不高，可以使用 UDP。UDP 首部如图 3.28 所示。

端口号表示发送进程和接收进程。

UDP 长度是 UDP 首部和 UDP 数据的字节长度，该字段最小值为 8 字节，包含数据的长度，所以可以由它算出数据的结束位置。

UDP 校验和覆盖 UDP 首部和 UDP 数据，是 UDP 的差错控制（可选）。如果检验和的计算结果为 0，则存入的值全为 1（65535），这在二进制反码计算中是等效的。如果传送的检验和为 0，说明发送端没有计算检验和。如果发送端没有计算检验和而接收端检测到检验和有差错，那么，UDP 数据报就要被悄悄地丢弃，不产生任何差错报文

图 3.28　UDP 数据报协议

（当 IP 层检测到 IP 首部检验和有差错时也这样做）。UDP 检验和是一个端到端的检验和，它由发送端计算，然后由接收端验证。其目的是为了发现 UDP 首部和数据在发送端到接收端之间发生的任何改动。

（四）TCP/IP 协议安全隐患

1. 网络接口层上的攻击

在 TCP/IP 网络中，链路层这一层次的复杂程度是最高的。其中，最常见的攻击方式通常是通过由网络嗅探组成的 TCP/IP 协议的以太网。当前，我国应用较为广泛的局域网是以太网，其共享信道利用率非常高。以太网卡有两种主要的工作方式，一种是一般工作方式，另一种是较特殊的混杂方式。这一情况下，受到攻击而很可能造成信息丢失，且攻击者可以通过数据分析来获取账户、密码等多方面的关键数据信息。

2. 网络层上的攻击

（1）ARP 欺骗。ARP（地址解析协议）是根据 IP 地址获取物理地址的一个 TCP/IP 协议。通常情况下，在 IP 数据包发送过程中会存在一个子网或者多个子网主机利用网络级别第一层，而 ARP 则充当源主机第一个查询工具，在未找到 IP 地址相对应的物理地址时，将主机和 IP 地址相关的物理地址信息发送给主机。与此同时，源主机将包括自身 IP 地址和 ARP 检测的应答发送给目的主机。如果 ARP 识别链接错误，ARP 直接应用可疑信息，那么，可疑信息就会很容易进入目标主机当中。ARP 协议没有状态，不管有没有收到请求，主机会将任何收到的 ARP 相应自动缓存。如果信息中带有病毒，采用 ARP 欺骗就会导致网络信息安全泄露。因此，在 ARP 识别环节，应加大保护，建立更多的识别关卡，不能只简单通过 IP 名进行识别，还需充分参考 IP 相关性质等。

（2）ICMP 欺骗。ICMP 协议也是因特网控制报文协议，主要用在主机与路由器之间进行控制信息传递。通过这一协议可对网络是否通畅、主机是否可达、路由是否可用等信息进行控制。一旦出现差错，数据包会利用主机进行即时发送，并自动返回描述错误的信息。该协议在网络安全当中是十分重要的协议，但由于自身特点的原因，极易受到入侵。通常而言，目标主机在长期发送大量 ICMP 数据包的情况下，会造成目标主机占用大量 CPU 资源，最终造成系统瘫痪。

3. 传输层上的攻击

在传输层也存在网络安全问题。如在网络安全领域，IP 欺骗就是隐藏自己的有效手段；攻击者在仿造自身 IP 地址后向目标主机发送恶意的请求进行攻击，而主机却因为 IP 地址被隐藏而无法准确确认攻击源。攻击者也可通过获取目标主机信任而趁机窃取相关的机密信息。在 DOS 攻击中往往会使用 IP 欺骗，这是因为数据包地址来源较广泛，无法进行有效过滤，从而使 IP 基本防御的有效性大幅度下降。此外，在 ICMP 传输通道，由于 ICMP 是 IP 层的组成部分之一，在 IP 软件中任何端口向 ICMP 发送一个 PING 文件，借此用作申请，申请文件传输是否被允许，而 ICMP 会做出应答，这一命令可检测消息的合法性。所有申请传输的数据基本上传输层都会同意，造成这一情况的原因主要是 PING 软件编程无法智能识别出恶意信息，一般网络安全防护系统与防火墙会自动默认 PING 存在，从而忽视其可能带来的安全风险。

4. 应用层上的攻击

对于因特网而言，IP 地址与域名均是一一对应的，这两者之间的转换工作，被称为域名解析。而 DNS 就是域名解析的服务器。DNS 欺骗指的是攻击方冒充域名服务器的行为，使用 DNS 欺骗能将错误 DNS 信息提供给目标主机。所以说，通过 DNS 欺骗可误导用户进入非法服务器，让用户相信诈骗 IP。另外，PTP 网络上接口接收到不属于主机的数据，这也是应用层存在的安全问题；一些木马病毒可趁机入侵，造成数据泄露，从而引发网络安全问题。

TCP/IP 协议安全风险，如图 3.29 所示。

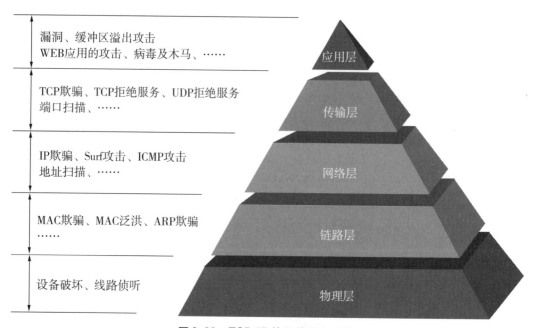

图 3.29　TCP/IP 协议栈安全风险

（五）安全策略

1. 防火墙技术

防火墙技术的核心是在不安全网络环境中去构建相对安全的子网环境，以保证内部

108

网络安全。可以将其想成一个阻止输入、允许输入的开关，也就是说，防火墙技术可允许有访问权限的资源通过，拒绝其他没有权限的通信数据；在调用过滤器时，会被调到内核当中执行，而在服务停止时，会从内核中将过滤规则消除，内核当中所有分组过滤功能均在深层中运行。同时，还有代理服务型防火墙，其特点是将内网与外网之间的直接通信进行彻底隔离，内网对外网的访问转变为代理防火墙对外网的访问，之后再转发给内网。代理服务器在发现被攻击迹象的时候，会保留攻击痕迹，及时向网络管理员进行示警。

2. 入侵检测系统

入侵检测系统属于一种动态安全技术，通过对入侵行为特点与入侵过程进行研究，安全系统即刻做出实时响应，在攻击者尚未完成攻击行为的情况下逐步进行拦截与防护。入侵检测系统也属于网络安全问题研究中的重要内容，借助该技术可实现逻辑补偿防火墙技术，可以实时阻止内部入侵、误操作以及外部入侵。同时，入侵检测系统还具有实时报警功能，更是为网络安全防护增添了一道保护网。入侵检测技术有智能化入侵检测、全面安全防御方案与分布式入侵检测三个发展方向。

3. 访问控制策略

访问控制是保护与防范网络安全的主要策略。每一个系统都要求访问用户拥有访问权限，只有拥有访问权限才能允许访问，这样的机制被称为访问控制。这一安全防范策略并不是直接抵御入侵行为，但是，它是实际应用的网络防护的重要策略，也是用户迫切需要的。其主要功能包括两个方面：一个是对外部访问进行合法性检查，这种功能和防火墙相类似；另一个是对从内到外的访问进行一些目标站点检查，封锁非法站点，在服务器上，对用户进行访问服务限制。

七、安全攻防技术

安全攻防技术的实质就是利用被攻击方信息系统自身存在的安全漏洞，通过使用网络命令和专用软件进入对方网络系统进行攻击。主要的攻击类型有：SQL injection（SQL注入）、cross-site scripting（XSS跨站点脚本攻击）、cross-site request forgery（跨站点请求伪造）、session forging/hijacking（session伪造/篡改）、directory traversal（目录遍历）、exposed error messages（曝露错误信息）等。

1. 网络攻击模型描述

网络攻击模型将攻击过程划分为以下阶段：

（1）攻击身份和位置隐藏：隐藏网络攻击者的身份及主机位置。

（2）目标系统信息收集：确定攻击目标并收集目标系统的有关信息。

（3）弱点信息挖掘分析：从收集到的目标信息中提取可使用的漏洞信息。

（4）目标使用权限获取：获取目标系统的普通或特权账户权限。

（5）攻击行为隐蔽：隐蔽在目标系统中的操作，防止攻击行为被发现。

（6）攻击实施：实施攻击或者以目标系统为跳板向其他系统发起新的攻击。

（7）开辟后门：在目标系统中开辟后门，方便以后入侵。

（8）攻击痕迹清除：清除攻击痕迹，逃避攻击取证。

2. 攻击身份和位置隐藏

攻击者通常应用如下技术隐藏攻击的 IP 地址或域名：

（1）利用被侵入的主机作为跳板，如在安装 Windows 的计算机内利用 Wingate 软件作为跳板，利用配置不当的 Proxy 作为跳板。

（2）应用电话转接技术隐蔽攻击者身份，如利用电话的转接服务连接 ISP。

（3）盗用他人的账号上网，通过电话联接一台主机，再经由主机进入 Internet。

（4）通过免费代理网关实施攻击。

（5）伪造 IP 地址。

（6）假冒用户账号。

3. 目标系统信息收集

攻击者可能在一开始就确定了攻击目标，然后专门收集该目标的信息；也可能先大量地收集网上主机的信息，然后根据各系统的安全性强弱确定最后的攻击目标。

对于攻击者来说，信息是最好的工具。它可能就是攻击者发动攻击的最终目的（如绝密文件、经济情报等）；也可能是攻击者获得系统访问权限的通行证（如用户口令、认证票据等）；还可能是攻击者获取系统访问权限的前奏，如目标系统的软硬件平台类型、提供的服务与应用及其安全性的强弱等。攻击者感兴趣的信息主要包括如下方面：

（1）系统的一般信息，如系统的软硬件平台类型、系统的用户、系统的服务与应用等。

（2）系统及服务的管理、配置情况，如系统是否禁止 root 远程登录，SMTP 服务器是否支持 decode 别名等。

（3）系统口令的安全性，如系统是否存在弱口令、缺省用户的口令是否没有改动等。

（4）系统提供的服务的安全性，以及系统整体的安全性能。这一点可以从该系统是否提供安全性较差的服务、系统服务的版本是否是弱安全版本等因素来作出判断。

攻击者获取这些信息的主要方法有：

（1）使用口令攻击，如口令猜测攻击、口令文件破译攻击、网络窃听与协议分析攻击、社交欺诈等手段。

（2）对系统进行端口扫描。

（3）探测特定服务的弱点，应用漏洞扫描工具如 ISS、SATAN、NESSUS 等。

（4）攻击者进行攻击目标信息搜集时，还要常常注意隐藏自己，以免引起目标系统管理员的注意。

4. 弱点信息挖掘分析

攻击者收集到大量目标系统的信息后，开始从中挖掘可用于攻击的目标系统的弱点信息。常用到的弱点挖掘技术方法如下：

（1）系统或应用服务软件漏洞。如果发现目标系统提供 finger 服务，攻击者就能通过该服务获得系统用户信息，进而通过猜测用户口令获取系统的访问权；如果系统还提供其他一些远程网络服务，如邮件服务、WWW 服务、匿名 FTP 服务、TFTP 服务，攻击者可以利用这些远程服务中的弱点获取系统的访问权限。

（2）主机信任关系漏洞。网络攻击者总是寻找那些被信任的主机。这些主机可能是管理员使用的机器，或是一台被认为安全的服务器。攻击者可以利用 CGI 的漏洞，读取/etc/hosts. allow 等文件。通过这些文件，攻击者可以大致了解主机间的信任关系，然后，探测这些被信任主机存在哪些漏洞。

（3）目标网络的使用者漏洞。通过目标网络使用者漏洞，寻找攻破目标系统的捷径。

（4）通信协议漏洞。分析目标网络的协议信息，寻找漏洞，如寻找 TCP/IP 协议安全漏洞。

（5）网络业务系统漏洞。分析目标网络的业务流程信息，挖掘其中的漏洞，如网络申请使用权限登记漏洞。

5. 目标使用权限获取

一般账户对目标系统只有有限的访问权限，要达到某些攻击目标，攻击者必须具有比网络攻防技术原理与实战更多的权限。因此，在获得一般账户权限之后，攻击者经常会试图获得更高的权限，如系统管理账户的权限。获取系统管理权限通常有以下途径：

（1）获得系统管理员的口令，如专门针对 root 用户的口令攻击。

（2）利用系统管理上的漏洞，如错误的文件许可权、错误的系统配置、某些 suid 程序中存在的缓冲区溢出漏洞等。

（3）令系统管理员运行特洛伊木马程序，如经篡改之后的 login 程序等。

（4）窃听管理员口令。

6. 攻击行为隐蔽

进入系统之后，攻击者要做的第一件事就是隐藏行踪，攻击者隐藏自己的行踪通常要用到下面的技术：

（1）连接隐藏，如冒充其他用户、修改 logname 环境变量、修改 utmp 日志文件、使用 IP spoof 技术等。

（2）进程隐藏，如使用重定向技术减少 ps 给出的信息量、用特洛伊木马代替 ps 程序等。

（3）文件隐蔽，如利用字符串的相似来麻痹系统管理员，或修改文件属性使普通显示方法无法看到。

（4）利用操作系统可加载模块特性，隐藏攻击时所产生的信息。

7. 攻击实施

不同的攻击者有不同的攻击目标，可能是为了获得机密文件的访问权，可能是破坏系统数据的完整性，也可能是获取整个系统的控制权，如系统管理权限，以及其他目的。一般来说，攻击目标有以下几个方面：

（1）攻击其他被信任的主机和网络。

（2）修改或删除重要数据。

（3）窃听敏感数据。

（4）停止网络服务。

（5）下载敏感数据。

（6）删除用户账号。

（7）修改数据记录。

8. 开辟后门

一次成功的入侵通常要耗费攻击者大量的时间与资源，因此，攻击者在退出系统之前会在系统中制造一些后门，方便下次入侵。攻击者开辟后门时通常会应用以下方法：

（1）放宽文件许可权。

（2）重新开放不安全的服务，如 REXD、TFTP 等。

（3）修改系统的配置，如系统启动文件、网络服务配置文件等。

（4）替换系统的共享库文件。

（5）修改系统的源代码，安装各种特洛伊木马。

（6）安装嗅探器。

（7）建立隐蔽信道。

9. 攻击痕迹清除

攻击者为了避免入侵检测系统（IDS）和系统安全管理员的追踪，攻击时和攻击后都要设法消除攻击痕迹。常用的方法有：

（1）篡改日志文件中的审计信息。

（2）改变系统时间造成日志文件数据紊乱。

（3）删除或停止审计服务进程。

（4）干扰入侵检测系统的正常运行。

（5）修改完整性检测标签。

第三节　现有的安全体系所面临的威胁

一、算力提升的威胁

（一）网络攻击越来越智能化

计算机算力的提升推动了人工智能技术的发展，网络漏洞也更容易被挖掘，各种恶意软件可以更便捷地生成和应用，从而使网络空间面临更严峻的安全威胁。

人工智能技术的发展为漏洞的挖掘和利用提供了便利。模糊测试是一种自动化或半自动化的软件测试技术，可以构造随机、非预期的畸形数据，测试并监控程序执行过程中可能产生的异常及漏洞的可利用性从而高效地挖掘和利用程序漏洞。模糊测试技术又可以分为白盒、黑盒、灰盒模糊测试等。漏洞自动利用一般而言包括信息提取、漏洞识别、路径发现、状态求解及代码生成，通过从可执行文件、源码等输入数据中提取有用的信息，利用路径发现与状态求解获取利用案例，并生成漏洞利用的程序或数据，实现漏洞的自动化利用。

自动化攻防是网络空间安全面临的新挑战，自动化的网络攻击手段将加剧网络空间的安全威胁与挑战。

（二）大规模网络攻击越来越频繁

在人工智能时代，大规模的网络攻击越来越频繁。大规模网络攻击的形式主要包括拒绝服务攻击（DDoS）、域名解析服务器（DNS）劫持等。大规模网络攻击的目标也从传统的网络系统，延伸到物联网、工业设备、智能家居、无人驾驶系统等。

人工智能技术使得网络攻击的成本越来越低，可利用的攻击武器和资源越来越多，从而导致大规模的网络攻击越发频繁。

（三）网络攻击的隐蔽性越来越高

传统的网络攻击行为一般会在系统中留下痕迹，容易被追溯；攻击行为的目标和意图比较明确，容易被发现。人工智能时代，利用智能化技术可以对复杂的攻击行为进行隐藏，如通过不同的终端设备实施攻击，在不同的时间发动攻击，等等。

传统的恶意代码、恶意程序在发布以后，这些代码和程序的攻击目标、攻击意图往往是确定的，网络空间中的防御者可以通过逆向工程、网络监听等方式分析得知攻击的目标和意图。然而，在人工智能技术的助力下，恶意代码、恶意程序可以通过内嵌深度神经网络模型，实现在代码开源的前提下，依然确保攻击目标、攻击意图、高价值载荷三者的高度机密性，从而大幅度地提升了攻击行为的隐蔽性。高级持续性威胁（APT）攻击是一种集合了多种攻击方式的复杂攻击。攻击者往往会花很长时间对目标网络进行观察，有针对性地搜集信息，并有针对性地发动攻击。这些攻击行为可以分布在很多设备上，不同攻击行为之间也可能存在很大的时间间隔，结合人工智能技术可以对攻击行为进行更好的设计和组合，从而躲避防御者的检测，保持攻击行为的高隐蔽性。

（四）网络攻击的对抗博弈越来越强

网络空间安全是一场攻防博弈。人工智能技术在处理海量、多源异构数据方面具有巨大的优势，攻击者会使用人工智能技术构造规模更大、隐蔽性更强、后果更严重的攻击，而防御者则会利用人工智能技术去提升网络攻击检测的准确率、提高网络攻击检测效率、降低网络攻击误报率等。在这个过程中，人工智能技术促使网络空间的攻防博弈程度愈演愈烈。

在恶意软件识别方面，基于生成对抗网络（GAN）的 MalGAN 算法可以使用一个替身检测器来适配黑盒恶意软件检测系统，该算法生成的恶意代码能够绕过基于机器学习的检测系统。类似的，为了躲避 PDF 恶意软件检测器，基于遗传算法的对抗机器学习方法可以在保留自身恶意行为的前提下，绕过机器学习分类器的识别，让恶意检测器将其识别为良性样本。

此外，人工智能技术自身存在脆弱性，例如：图像识别神经网络容易被生成的和原样本高度相似的对抗样本迷惑，造成错误识别；推荐系统容易被个别关键词影响，造成推荐结果被人为干预。当缺乏解释性的人工智能技术用于网络攻击或防御时，另一方则可利用模型自身的脆弱性发动防御或攻击，引发新一轮的网络攻防博弈。

（五）重要数据越来越容易被窃取或破坏

数据是一项重要的资源和资产，大型企业特别是互联网企业拥有大量的用户数据，这些企业的系统一旦被攻击，很容易造成大规模的数据被窃取或破坏。除了互联网企业，很多传统企业也拥有重要的数据，而传统企业的安全意识不足，攻击者更容易通过技术手段从中窃取用户和企业的重要数据。人工智能技术则加剧了该情况的出现，攻击者利用人工智能技术能更容易地窃取重要数据，或者破坏企业的核心数据。

在数据发布过程中，由于用户的数据匿名保护等程度不够，攻击者可以通过多种攻击方式获取用户的数据，如偏斜攻击等。成员推断攻击可以用于获取训练数据集的关键信息，攻击者可以判断某条信息是否存在于目标模型的训练数据集中，从而实现针对重要数据的窃取。通过训练出多个模仿目标模型的影子模型，攻击者利用影子模型的识别结果去判断目标模型的训练集中是否包含某敏感数据。类似地，模型倒推攻击可以通过模型的输出反推训练集中某条目标数据的部分或全部属性值，攻击者在仅获得模型参数的情况下，就能够使用基于生成对抗网络的方式实现模型反演，重建出训练数据，造成数据被窃取。

二、量子计算的威胁

尽管量子计算机还处于萌芽期，不具备可操作性，已公开的实验性量子计算机也不足以对传统加密算法发起攻击，但很多国家政府和组织已经开始认识到当这一技术成为现实的时候可能带来的风险。

（一）公钥加密（PKC）是现代数字通信的骨干

自互联网诞生以来，公钥加密（public key cryptography，PKC）已成为所有可信数字通信的骨干，它为人们以多种数字交互方式进行重要和敏感信息共享提供足够的隐私和安全性，确保了开放式网络通信的基本信任。

在 PKC 中，每个用户都有两个密钥（公钥和私钥），用公钥加密的任何消息只能用私钥解密，因此可以在可观察的通道上安全地传输。尽管公钥和私钥在数学上是相关的，而且当密钥足够小时，通过公钥确定私钥在技术上是可能的，但是，由于导出私钥所需的操作（作为数字分解和解决离散对数问题的工具）在计算上一直具有相当大的挑战性，因而 PKC 在实践中可以始终实现安全性。

（二）量子计算可能彻底颠覆和完全破解数字加密系统

量子计算的快速发展使得 PKC 未来面临巨大的安全漏洞。从理论上讲，量子计算机可以通过计算能力绕过现行的防御，直接暴力破解用于保护现有几乎所有网络通信的 PKC，可能彻底颠覆和完全破解现代信息和通信基础设施所依赖的数字加密系统。这种对密码的破坏性，将使得身份验证的安全与通信隐私难以保证，军事情报系统、金融交易系统乃至全球经济的支持系统都将面临潜在的巨大风险。

量子计算在数字分解和数据库算法检索中能极大地提高算力，减少计算时间和资源，使得量子计算机能够暴力破解这两个领域的 PKC 的公共密钥，使通信的身份验证和访问控制失去安全性。

另外，PKC 通常使用更长的密钥长度来提高安全性，但更长的密钥需要更多的计算资源才能进行常规的加密或解密操作。量子计算从根本上改变了破解密钥的资源规模，如果试图通过加长密钥长度来确保在量子计算中的等效安全，则对这些密钥进行常规加密或解密操作所需要的计算资源将是完全不切实际的大体量。

最后，所有在当下被认为是安全的数据传输有可能被保存到未来量子计算成熟的时间点，从而被量子计算攻破。

（三）量子计算未来威胁风险的决定因素

量子计算未来的威胁风险将取决于三条时间线：

（1）量子计算机的开发和应用速度。

（2）能够抵御量子计算攻击或破密的后量子密码学（post-quantum cryptography，PQC）及其标准协议的开发和应用速度。

（3）如何快速、广泛、平滑地向 PQC 过渡。

对此，美国智库通过调研和评估，得出以下结论：

（1）平均预计在 11 年后，大约在 2033 年，能够实现破密的量子计算机就会问世。但更早和更晚的开发都是可能的。

（2）PQC 的标准协议预计将在未来一两年内起草并发布，而 PQC 的完全采用将可能在 21 世纪 30 年代中期或更晚，因为执行标准协议和减轻量子计算的脆弱性所必需的全国性或全球性过渡时间可能长达数十年之久。

（3）如果在有能力（破密）的量子计算机开发后尚未充分实施 PQC，则在不对现有基础设施进行重大颠覆性更改的情况下，无法确保身份验证的安全和通信的隐私，系统漏洞不仅比当前网络安全漏洞更加严重，种类和路径也会相对不同。

第四节　量子通信的作用

一、量子密钥与对称加密体系

量子信息中一些概念，如量子密码、量子保密通信等，会让公众产生是用量子的方法直接进行通信的误解。实际上，如图 3.30 所示，量子保密通信只是用量子力学原理保证安全地把一个真随机数密钥本分配给通信的双方，用于以后进行加密和解密。密文的发送仍然通过经典的通信手段来完成。因此，我们可以使用更确切的说法"量子密钥分发"解决对称密码体制中秘钥分发安全问题。

早在 20 世纪 40 年代，著名的信息论鼻祖香农采用信息论证明，如果密钥长度与明文长度一样长，而且用过后不再重复使用，则这种密文是绝对无法破译的，俗称为"一次一密"。

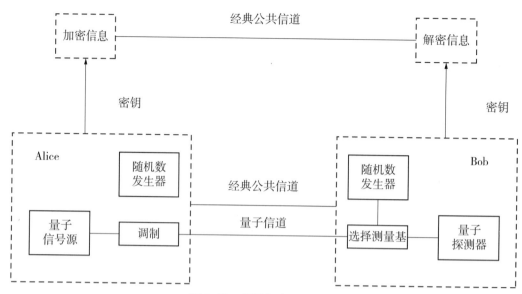

图 3.30　量子保密通信原理

"量子密钥分配"（quantum key distribution，QKD）应用量子力学的基本特性（如量子不可克隆性、量子不确定性等）来确保任何企图窃取传送中的密钥都会被合法用户所发现，这是 QKD 与传统密钥分配相比所具有的独特优势，后者原则上难以判断手头的密码本是否已被窃听者复制过。QKD 的另一个优点是无须保存"密码本"，只是在甲乙双方需要实施保密通信时，实时地进行量子密钥分配，然后使用这个被确认是安全的密钥实现"一次一密"的经典保密通信，这样可避开保存密码本的安全隐患。

单个光子偏振态的调制与测量如图 3.31 所示：单个光子通常作为偏振或相位自由度的量子比特，可以把欲传递的 0、1 随机数编码到这个量子叠加态上，比如，事先约定，码元 0 对应水平或斜向下 $-45°$ 的光子偏振方向；而码元 1 对应垂直或斜向上 $45°$ 的偏振方向。

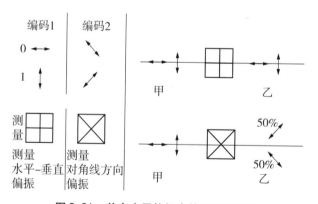

图 3.31　单个光子偏振态的调制与测量

光源发出一个光子，发送方随机地将每个光子分别制备成偏振态，然后发给合法用户接收方，接收方接收到光子，为确认它的偏振态（即 0 或 1），便随机地采用检偏器测量。如果检偏器的类型恰好与被测的光子偏振态一致，则测出的随机数与发送方所编码的随机数必然相同，否则，接收方所测得的随机数就与发送方发射的不同。接收方把发送方发射来的光子逐一测量，记录下测量的结果。然后接收方经由公开信道告诉发送方他所采用的检偏器类型。这时发送方便能知道接收方检测时哪些光子被正确地检测，哪些未被正确地检测，可能出错，于是他告诉接收方仅留下正确检测的结果作为密钥，这样双方就拥有完全一致的 0，1 随机数序列。整个过程如图 3.32 所示。

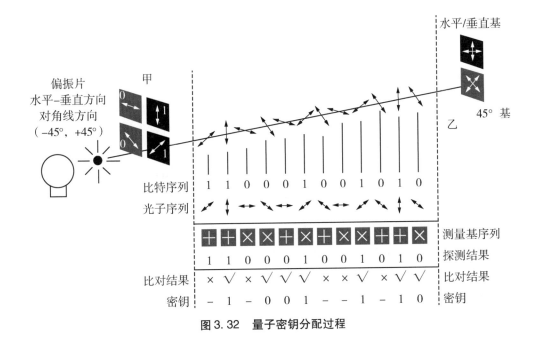

图 3.32　量子密钥分配过程

二、量子通信是真的"无条件安全"吗？

量子密码是绝对安全的吗？保密通信的安全性同时受到两个因素制约：密钥的安全性和"一次一密"的真实性。一方面，量子密码在理想状态下可以确保密钥的安全性，但实际上，量子密码系统绝对达不到理想状态，例如，单粒子探测效率不是百分之百的，它会产生传输损耗、各种器件不完善等问题，这些非理想漏洞就可能被窃听者用来窃取密钥却不会被合法用户发现。就算人们能设计出与设备完全无关的量子密码协议，但因随机数的真伪、合法用户的识别等问题，仍然难以做到密钥的绝对安全，只能是"相对安全"。另一方面，量子密码体系必须确保安全密钥的生成率足够高，以达到调整传输时，信息"一次一密"加密的需求，否则，即使密钥是安全的，保密通信也仍然是不安全的。

117

第四章 量子通信核心技术、设备及网络

第一节 量子密钥分发与量子隐形传态

一、量子密钥出现的背景

随着通信技术的发展，信息传递的安全性正得到越来越多的重视，保密通信正是在这样的背景下应运而生。收发双方利用密钥对信息进行加、解密处理，第三方即便截获密文也很难推导出明文，从而达到收发双方之间保密通信的目的。目前广泛使用的是私钥密码系统和公钥密码系统。私钥密码系统中，收发双方使用相同的密钥，采用"一次一密"（one time pad）技术，只要密钥长度不小于明文长度且仅仅使用一次，就可以做到无条件安全，但这种方式下密钥的分发安全性难以解决。公钥密码系统可以较好地解决密钥的分发安全性问题，但其安全性依赖于计算的复杂度。在现有的计算资源下，破解时间会非常长，但随着量子计算的快速发展，分解计算的速度将会得到数量级的提升，因此，未来在有限时间内破解公钥密码系统或将不再是一件难事。对于保密通信来说，迫切需要找到一种新的方法来应对这种技术的发展而带来的安全隐患，要么解决公钥的安全性问题，要么解决私钥的分发问题。

量子保密通信的出现提供了一种崭新的思路，它结合量子力学和经典密码学的特点，可实现真正意义上的通信安全。量子保密通信本身并不会在量子信号上承载要发送的信息，现阶段的量子保密通信是指密钥分发通过量子信道实施，而加、解密过程以及密文的传递依旧在经典信道完成。量子保密通信采用的是私钥系统，收发双方使用相同的密钥，只是密钥的分发采用量子机制而非经典方式，其安全性由海森堡测不准原理和不可克隆原理所保障。正是由于量子机制的独特性，使得合法通信双方可以发现窃听者的存在，从而建立起针对窃听者的信息优势，进而确保密钥分发的安全性，彻底解决了传统私钥系统中密钥分发的安全性问题。

正是由于量子保密通信的这种安全性优势，近年来，关于量子保密通信的研究方兴未艾。作为量子保密通信中的重要环节，量子密钥分发（quantum key distribution，QKD）技术在军事、金融、安全领域都有着广泛应用前景和巨大商业价值。关于 QKD 的相关理论研究，已经从无到有并逐渐发展得比较完善，此外实验方面也取得了较大的发展。量子保密通信以及 QKD 的现场实验和产业化进程也进展迅速，已经逐步走向实用阶段。

量子密钥分发（QKD）是通信双方（Alice 和 Bob）以 QKD 协议为前提，共同约定进行编码和解码，建立共同密钥库的途径。其 QKD 协议必须满足两个基本要求：一是

可靠性，即 Alice 和 Bob 按照这种共同约定进行编码和解码，肯定能获得共同的密钥；二是绝对安全性，即当 Alice 和 Bob 按照这种共同约定进行密钥分配时，要确保窃听者（Eve）无法获得密钥。第一个 QKD 协议是 Bennett 和 Brassard 首先提出来的，他们在 Wiesner 的电子钞票思想的启发口下，于 1984 年（在印度举行的一个 IEEE 国际会议上）提出了以四个非正交量子态来实现量子密钥分配，称为 BB84 协议。1992 年，Bennett 提出了另一种更加简化的量子密钥分发协议，即用两个非正交量子态就足以实现量子密钥分发，称为 B92 协议。QKD 的实现既可以基于单光子信号（离散变量）来实现，也可以基于连续变量信号来实现。前者基于单光子技术，通过调制将信息编码在单光子的某个物理量上，然后在接收端基于单光子检测器进行检测。这种 QKD 技术称为 DV-QKD，也就是离散变量量子密钥分发；后者则是将信息编码在连续光的非对易的正则分量上，在接收端采用平衡检测的方式对这个分量进行测量，这种技术称为 CV-QKD，也就是连续变量量子密钥分发。当离散变量的量子密钥分发协议完善后，人们开始研究这些协议的无条件安全性证明。D. Mayers 和 D. Deutsch 于 1996 年分别从抽象的角度提出了证明方法，但都过于抽象且难以实现。基于对纠错码的研究，P. Shor 和 J. Preskill 证明了 BB84 协议具有无条件安全性；在此基础上，Biham 等其他学者完善了量子密钥分发的无条件安全性证明。2007 年，R. Renner 研究证明，即便是考虑到相干攻击，离散变量的密钥分发依旧具有无条件安全性，这就使得密钥分发的安全性更进了一步。然而这些安全性证明都是基于理想器件的，在实际实验中，器件往往都是不完美的，而这种不完美往往会导致新的安全性问题。

一个神秘人物在某处突然消失掉，然后却在远处莫名其妙地出现，这是不少科幻影片中常常出现的场景。这种场景非常激动人心，量子隐形传送（quantum teleportation）一词即来源于此。但遗憾的是，在经典通信中，这种实现隐形传送的方法却违背了量子力学中海森堡不确定关系和量子不可克隆定理。由于不能精确复制量子态，因此，隐形传态只不过是一种科学幻想而已。1993 年，Bennett 等六位科学家联合在 *Phys. Rev. Lett.* 上发表了一篇开创性文章，提出将原物的未知量子态的信息分为经典信息和量子信息两部分，分别由经典信道和量子信道传送给接收者，经典信息是发送者对原物进行某种测量（通常是基于 Bell 基的联合测量）而获得的，量子信息是发送者在测量中未提取的其余信息。接收者在获得这两种信息后，就可以制造出原物的完美的复制品，即实现了量子隐形传态。量子隐形传态使用了量子力学的一种奇妙特性，即对一对相距非常遥远的关联粒子而言，如果改变粒子 A 状态，那么粒子 B 也会在瞬间改变状态，并且这种改变是同时发生的，也就是说关联粒子之间具有非局域性。

二、量子密钥分发原理

相对于经典信息的基本存储单元比特（bit），量子信息的基本存储单元称为量子比特（qubit）。在经典信息中，比特是二进制存储单元，可由状态 0 和 1 来表示。从物理角度讲，比特是两态系统，可以是两个可识别状态中的一个，如电压的高低。而在量子信息中，量子比特是一个二维复数空间的向量，它的两个极化状态 $|0\rangle$ 和 $|1\rangle$ 对应于经典状态的 0 和 1。在量子力学中使用狄拉克标记 $\langle\,|$ 和 $|\,\rangle$ 表示量子态。英文中括号叫作

bracket，拆成两半——bra 和 ket 来分别称呼狄拉克符号的左半〈 | 和右半 | 〉。因此，bra 和 ket 在量子信息中分别译作左矢（左向量）和右矢（右向量）。量子比特的重要特性在于，一个量子比特可以连续随机地存在于状态 | 0〉和状态 | 1〉的任意叠加态上。由于量子效应在微观世界中会鲜明地凸现出来，因此，量子比特与经典比特的不同在于：一个量子比特能够处在既不是 | 0〉也不是 | 1〉的状态上，而是处于状态 | 0〉和 | 1〉的一个线性组合的所谓中间态上。

量子密钥分发的安全性是由量子力学的三个基本原理决定的。这三个基本原理是海森堡测不准原理、测量塌缩原理和单量子不可克隆原理。

（一）海森堡测不准原理

海森堡测不准原理也称为海森堡不确定原理，源于微观粒子的波粒二象性。自由粒子的动量不变，同时自由粒子又是一个平面波，并且存在于整个空间。也就是说自由粒子的动量完全确定，但它的位置完全不确定。又如粒子的能量和时间也同样具有不确定性。不确定性是微观粒子的固有性质，与测量仪器无关。海森堡测不准原理是指：在一个量子系统中，一个粒子的位置和它的动量不能被同时确定，对任何一个物理量的测量都将不可避免的产生对另一个物理量的干扰。

（二）测量塌缩原理

即对量子态进行测量会不可避免地使该量子态塌缩到某一个本征态上。除非被测量态恰好是测量算符的本征态，否则，测量将不可避免地、不可逆转地改变原来的量子态。这意味着对量子态进行测量都会留下痕迹。

（三）量子不可克隆定理

量子不可克隆定理，即一个未知的量子态是无法被精确克隆的。Wootters 和 Zurke 曾于 1982 年在《自然》杂志上撰文，提出如下问题：是否存在这样一种物理过程，实现对一个未知量子态的精确复制，使得每个复制态与原始的量子态完全相同？Wootters 和 Zurke 证明，量子力学的线性特性禁止这样的复制，这就是量子不可克隆定理的最初表达。此原理可表述为：对于未知量子态，不可将其复制而不改变其本来的状态。如果量子态是已知的，我们可以重复地制备它，困难在于我们不能通过单次测量来获知量子系统的确切性。因为一旦测量，量子态的状态就会发生改变，测得的结果只是组成此量子态的各种可能状态之一。而不进行测量，直接复制也是做不到的。

量子不可克隆定理是量子信息科学的重要理论基础之一，量子信息是以量子态为信息载体的，量子态的不可精确复制确保了量子密码的安全性。

第二节　量子密钥分发协议

量子密钥分发（QKD）技术自 1984 年被提出至今，对其研究已超过 30 年并取得了丰厚的成果。从最初离散变量中对光子偏振或相位进行编码的 BB84 协议以及后来的

B92 协议，到基于纠缠光源的 E91 协议，相位分布式参考协议中的 DPS 协议和 COW 协议，乃至连续变量（continuous variable quantum key distribution，CV-QKD）协议，测量设备无关（Measurement-device-independent quantum key distribution，MDI-QKD）协议，都不断地在理论和实验上取得进展。同时，世界各地 QKD 商用系统的研制、QKD 网络的搭建以及 QKD 应用的研究也在不断发展，预示着 QKD 技术正在快速迈向实用化。

常用的编码方式有两种：偏振编码和相位编码。偏振编码，以四态为例，采取光子的四种偏振态：垂直偏振态（↑）、水平偏振态（→）、+45°偏振态（↗）和 −45°偏振态（↘），可简记为 H、V、P、N。H 和 V 在 HV 基下，P 和 N 在 PN 基下，且两组基共轭，即一组基的任一基矢在另一组基的任何基矢上的投影都相等，故对于某一组基的基矢量子态，以另一组基对其进行测量，会消除它测量前的全部信息，得到一个完全随机的结果。而用本组基，理想情况下，则得到完全正确的结果。因此，可以用光子的偏振态进行量子密钥分发。在实现过程中，HV 基可以编码为 0，而 PN 基编码为 1。在HV 基下，H 偏振态编码为 0，V 偏振态编码为 1；同理，在 PN 基，P 偏振态编码为0，N 偏振态编码为 1。这样，四种偏振态的编码如表 4.1 所示。

表 4.1　量子偏振态编码

	基编码	偏振态编码
H 偏振态	0	0
V 偏振态	0	1
P 偏振态	1	0
N 偏振态	1	1

相位编码利用 Mahr-Zender 干涉仪实现单光子干涉，Alice 和 Bob 分别采用一长一短的两臂组成一个不等臂的 M-Z 干涉仪。光子从 Alice 端发出后，可以通过四条路径到达Bob。用 L 表示干涉仪的长臂，S 表示干涉仪的短臂长，则四条路径分别是：$L+S$、$S+S$、$S+L$、$L+L$。其中，$S+S$ 的光子最先到达，而 $L+L$ 的最后到达，这两种情况都不存在干涉现象。而经过 $S+L$ 和 $L+S$ 的两个不同路径的光子是同时到达的，而且它们不可分辨，因此会发生干涉现象，光子最终到达哪一个探测器取决于两个长短臂的光程差。在 Alice 和 Bob 双方不等臂 M-Z 干涉仪的相同位置上插入相位调制器，双方通过相位调制来对光子进行编码。

下面对几种常用的协议进行介绍。

一、基于离散变量的量子密钥分发协议

（一）BB84 协议

BB84 协议由 H. Charles Bennett 和 G. Brassard 在 1984 年提出，这也是世界上第一个量子密钥分发协议。该协议采用四个非正交态作为量子信息态，且这四个非正交态属于两组共轭基，每组基内的两个态是正交的。BB84 协议的过程需要在两种信道（量子信

道和经典信道）上完成。BB84 协议的进行过程如下：

第一阶段在量子信道上：

（1）Alice 从 H 偏振态（→）、V 偏振态（↑）、P 偏振态（↗）和 N 偏振态（↘）四种偏振态中随机选择，发送给 Bob。

（2）Bob 随机（50% 概率）从两组测量基（HV 或 PN）中选择，对接收到的偏振态进行测量。若 Bob 选择的测量基与 Alice 相同，则得到正确的测量结果，反之则得到一个随机的错误结果。

第二阶段在经典信道上：

（3）Bob 通过经典信道向 Alice 公布他所使用的测量基序列，但不公布测量结果。

（4）Alice 比对后，通知 Bob 哪些位置上的测量基是正确的，但不发送具体的偏振态。

（5）Alice 和 Bob 丢弃选择不同测量基的数据，保留相同基矢的测量数据。

（6）Alice 和 Bob 约定各自从保留的序列中选取相同位置上的一部分，在经典信道中做对比。理想情况下，比对的序列应该完全相同。如果存在窃听，这部分数据中将会出现不同的比特。

（7）如果没有窃听，双方保留剩余的序列，作为最终密钥。

BB84 协议的过程如图 4.1 所示。

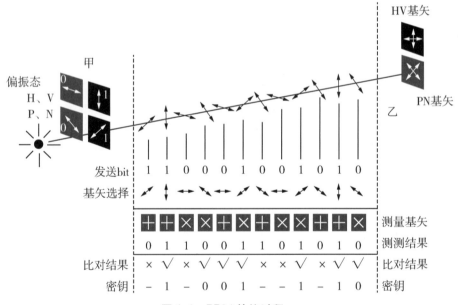

图 4.1　BB84 协议过程

BB84 协议的安全性可定性分析如下：在光子的 4 个偏振态中，垂直偏振态（↑）和水平偏振态（→）是线偏振态，+45°偏振态（↗）和 −45°偏振态（↘）是圆偏振态。线偏振态和圆偏振态是两组共轭态，满足不确定性原理。根据不确定性原理，如果对线偏振态光子的测量越精确，对圆偏振态光子的测量就越不精确。任何窃听者的测量必定会改变原来的量子比特，引起误码率的增大，通信双方便会察觉。此外，线偏振态

122

和圆偏振态是非正交的，因此它们是不可区分的，窃听者不可能精确地测量到每一个量子态。综上所述，海森堡不确定原理和单量子不可克隆定理保证了 BB84 协议的无条件安全性。

1989 年，Bennett 和 Brassard 第一次成功地演示了量子密钥分发（QKD）实验，他们以光子的四个非正交偏振态来进行编码，用 BB84 协议来实现密钥分配。在该实验中，虽然传输距离只有 32 cm（在自由空间中），误码率为 4%，有效传输也很低（10 分钟传送了 105 比特），但窃听者能截获的比特数只有 6×10^{-17}，这说明安全性确实非常高，足以显示量子密码术的潜力和诱人前景。1993 年，瑞士日内瓦大学的 Muller 等人首次在光纤中实现了利用偏振编码的量子密码传输，工作波长 0.81 μm，传输距离为 1.1 km，误码率仅为 0.54%。1996 年，他们改用 1.3 μm 的脉冲半导体激光器作为光源，用低温冷却下的锗雪崩二极管作为光子探测器，传输距离达到 23 km，误码率仅为 3.4%，而且其中 22 km 是在日内瓦湖底的民用通信光缆中进行的，这一工作将量子密码实用化向前推进了一大步。

（二）B92 协议

继 BB84 协议的提出之后，1992 年，Bennett 又提出一个与 BB84 协议类似，但比 BB84 协议更为简单的协议，即 B92 协议。B92 协议是基于两个非正交态的两态方案。Alice 随机选择两个非正交态 H 和 P 中的一个发送至 Bob，Bob 随机选用其正交态 V 或 N 进行测量。选择 H 偏振态编码为 0，P 偏振态编码为 1。根据上述过程，若 Alice 发送 H 偏振态的光子，Bob 只有在使用 N 测量基的情况下才能测量到结果，并且检测到的几率是 50%，由此知，B92 的效率只有 25%，为 BB84 效率的一半。并且实际应用中发现，B92 协议只有在信道衰减很小的情况下才是安全的，而在高损信道中存在安全漏洞。因为 Eve 可以在信道中采用和 Bob 同样的装置测量 Alice 发送的光子，如果她获得不确定结果，则丢弃这个光子；若获得确定结果，则通过低损信道重发给 Bob，而 Bob 并不能识别这种攻击策略。其协议进行过程如图 4.2 所示。

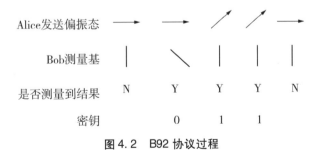

图 4.2 B92 协议过程

（三）其他离散变量量子密钥分发协议

除此之外，离散变量量子密钥分发协议（DV-QKD）还包括 EPR 协议、六态协议和差分相移（ifferential phase shift，DPS）等协议。

1. EPR 协议

EPR 协议是 1935 年由 Ensein、Polsy 和 Rosen 三人提出的一个被人们称为 EPR 佯谬的假想实验。按照量子力学理论，EPR 粒子作为一个量子系统，一般称为 EPR 态。1991 年，英国牛津大学的青年学者 A. Ekert 首次发现可以采用 EPR 纠缠比特的性质设计量子密钥分发协议，所以，EPR 协议也称为 E91 协议。协议的安全性由 Bell 理论保证。其原理是利用量子纠缠的关联关系，如测得其中一个光子的极化态向上，则远方的另一个孪生光子的极化态一定向下，且不随时间和空间而发生变化。实现过程中，首先把纠缠光子分别发送给 Alice 和 Bob，他们在三个极化角度设置中随机选择一个进行测量，比如，Alice 的极化设置为 V、P、H，而 Bob 的极化设置为 P、H、N。当然，如果他们使用同样的极化设置，就会获得确定的关联结果，从而产生一个密钥。与 BB84 协议和 B92 协议相比，EPR 协议拥有较高的成码率、无多余自由度泄密等优点。同时，它的提出将量子密码通信与纠缠态直接联系起来，为量子通信的研究开辟了新的道路。但是在现有的技术下，由于光子对的产生以及 Bell 不等式的判断等技术的限制，EPR 协议远不如 BB84 协议实用。

2. 六态协议

六态协议是采用 3 组正交基矢，除了 BB84 的四种极化态，另外又加入一组基矢的两个正交态，协议的过程与 BB84 相同。在六态协议中，Alice 和 Bob 使用相同基矢的概率为 1/3。但是六态协议的对称性极大简化了协议安全性分析。当 Eve 对单个量子态采用连续的截获重发（intercept-resend）攻击时，协议误码率上限为 33%，而 BB84 协议则为 25%。

3. DPS 协议

在 2002 年时，Inoue 等人提出差分相移 QKD 协议。具体步骤是：Alice 把发射的光子等概率地分成三个路径 a、b 和 c，三个路径再通过分束器重新合到一条路径上，路径上插入一个相位调制器来对每个光脉冲进行 0 或 π 相位的调制。路径 a 和 b 以及 b 和 c 的时间（路径）差相同，假设为 τ，Bob 采用臂长差也为 τ 的 M－Z 干涉仪来测量到达的光子。对于标准的 BB84 协议，Eve 通过光子数分离（photon number splitting）攻击能够获得全部的信息，但在这个协议中 Eve 却无法采用这种攻击，因为信息通过相位编码，Eve 无法完美地区分这两种相位。而如果 Eve 采取截获重发攻击，Bob 通过检测光子计数率就会发现。这个协议的最终成码率是 BB84 协议的 8/3 倍，并且增加 Alice 端干涉仪的路径数量将会进一步提高最终成码率。

（四）离散变量量子分发协议的实验进展和产业化发展

离散变量量子密钥分发协议（DV-QKD）在实验方面也进展迅速。最开始，Bennett 在自由空间中实现了量子密钥的分发，但是传输距离只有 32 cm。随后人们在安全距离和密钥分发速率上不断地取得突破，取得了很多成果。实验表明，在低温超导下的单光子探测器具有非常低的噪声，适用于长距离情况下的量子检测，基于这项技术，科学家们成功地实现了量子密钥分发实验，实验距离达到了 315 km。2013 年，Weinfurter 及其小组在飞机上实现了量子密钥分发，传输距离为 20 km。同年，潘建伟教授领导的小组完成了热气球和地面站点之间的量子通信。

上述实验基本都是基于点对点技术的，在实用环境中，对量子网络的需求也是不断发展的。2004 年，美国的哈佛大学、波士顿大学、BBN 公司通过合作，首次实现了量子 QKD 网络。在量子网络的研究方面，中国科学家也走在前列。2009 年，郭光灿教授领导的团队实现了 QKD 实验网络，网络分别具有 4 个节点、5 个节点。2010 年，潘建伟教授领导的小组也完成了量子网络实验，并通过量子网络完成了语音实验，该实验网络具有三个节点。2013 年，日本科学家采用时分复用技术，实现了单点对多点的量子密钥网络分发，这些工作都为将来的量子通信网络奠定了坚实的基础。

在量子通信的产业化方面也有较大的发展。2010 年，日本、瑞士、奥地利的研究人员在东京建成了 6 节点的城域量子网络，通信速率达到 65 kbps。2012 年，依托潘建伟团队，首个量子金融信息网在北京建成，实现了量子技术对金融信息的加密传输。2013 年，山东建成了量子通信的实验网，为多个单位提供无条件安全的保密通信。2016 年，中国发射了全球首颗量子实验卫星"墨子"号，目前"墨子"号在轨运行良好，并首次实现了星地之间的量子信息传输。2016 年底，贯穿北京、济南、合肥、上海之间的京沪量子干线全部建成，可以为上述城域范围内提供无条件安全的量子保密通信传输服务。同时，中国还计划发射多颗量子通信卫星，和"墨子号"组成一个量子卫星网络，通过和地面的基于光纤的量子城域网络结合，为我国提供全方位的量子保密通信服务。

以上研究成果都是基于离散变量的，虽说都已经比较成熟且优点突出，但在实用过程中也有一些弊端，主要表现如下：首先，难以制备理想的单光子源，通常会变通使用衰减后的光脉冲。但这毕竟不是真正意义上的单光子源，无法保证不出现多光子的情况，这就使得窃听者可以采取分束攻击而不被发现，从而产生安全性漏洞。虽说诱骗态方案可以有效地弥补这种漏洞，但相比之下，该方案比较复杂，在工程实现中比较困难。其次，基于单光子的检测器对自由空间的波段的光检测效率高，但对于光纤线路的波段则检测效率不高，而且在远距离通信中，需要使用低温超导的探测器，成本非常昂贵，不易产品化。最后，DV-QKD 的编码方式是将信息编码在单光子上，由于单个光子无法承载更多的信息，因此，离散变量情况下，编码的效率会比较低。如果考虑到信号在传输中的损耗和衰减，实际效率还会更低，这都影响到 DV-QKD 的实用。

为了克服上述离散变量量子密钥分发的局限性，科学家们开始考虑利用连续变量进行量子密钥分发。和离散变量需要依赖于单光子源不同，连续变量信号的获得相对比较容易，经典通信中广泛使用的激光源就可以产生稳定的相干光，经过衰减就可以得到连续变量量子信号。而且由于连续变量的一个符号可以产生多个比特，所以 CV-QKD 的分发速率在相同的时钟重复频率下更具有优势，因此，连续变量量子信息的研究也越来越受到重视。

二、基于连续变量的量子密钥分发协议

连续变量的量子密钥分发可以基于多种量子态实现，但是从实际角度出发，压缩态和纠缠态都比较难以制备以及保存，因此不太适合于实验或者工程实现。而相干态是最

接近经典态的量子态，因此选择相干态作为连续变量的量子密钥分发的实现协议（GG02 协议），对于实验和工程实现来说，都是一个不错的选择。GG02 协议是由 F. Grosshans 和 P. Grangier 提出的采用高斯调制相干态的分发协议，目前 GG02 协议的安全性已经得到了充分的证明。由于 GG02 协议采用相干态，而相干态又非常容易在实验中得到的，因此，目前的大部分实验和工程系统都是基于 GG02 协议来实现的。GG02 协议开始采取的是所谓的正向协商，就是由 Alice 发起协商，这样就会对信道透过率有要求，当透过率低于 50% 的时候，将无法实现密钥分发。为了解决这种正向协商带来的限制，2003 年，Grosshans 等人考虑由 Bob 发起反向协商算法（reverse reconciliation），这种方法可以有效地解决正向协商对透过率的要求，使得传输的距离变得更远。2004 年，C. Weedbrook 等人在 GG02 的基础上，不再采用选择测量的方式，而是将两个正则分量同时采集测量，虽然测量的数据增大，但简化了测量过程，也更利于工程实现。在 GG02 协议中，密钥分发的过程如下：

（1）Alice 侧产生相干态，并将高斯分布的随机数调制在相干态的两个分量上，然后将调制后的相干态通过量子信道发送。

（2）Bob 对接收到的量子态进行选择测量，可以采取 Homodyne 方式，也可以采用 Heterodyne 方式。

（3）Bob 测量完数据后，根据自己的测量选择，在经典信道上告知 Alice 哪些数据是选择测量的，哪些数据是需要丢弃的。

（4）最后，Alice 和 Bob 根据在经典信道的交互，选择同样的测量基，并基于此进行后处理得到最终的密钥。

CV-QKD 的实验虽然起步比较晚，但近年来也进展迅速。2007 年，P. Grangier 小组实现了长达 25 km 的 CV-QKD 实验，这是一个非常接近经典通信系统的案例。随后 S. Fossier 在上述工作的基础上，持续的改进了 CV-QKD 的现场测试案例，提取的密钥率达到了 8 kbps，在稳定性方面也得到了很大提高。2010 年，中国国防科技大学沈咏、邹宏新等人对四态调制协议进行了研究并完成了自由空间的实验验证。2011 年，上海交通大学的曾贵华教授小组实现了实用环境下的 CV-QKD 实验，传输距离超过了 25 km，最终的密钥率达到了当时国际领先的 8 kbps。在这之后，来自山西大学的研究小组在彭堃墀教授带领下，完成了光纤环境下的四态调制协议的实验验证。2013 年，P. Jouguet 等人在 CV-QKD 的分发距离上实现了突破，传输距离达到了 80 km，同时，系统的时钟重复频率达到了 MHz 的数量级，并且在后处理中采用了多维协商算法，该算法可以使得系统在很低性噪比下依然能协商出密钥。2014 年，国防科技大学的沈咏、邹宏新等人利用边带技术，在 50 km 的光纤链路上实现了 187 kbps 的高速密钥分发。2015 年，上海交通大学曾贵华教授小组实现了 1 Mbps 的连续变量子密钥分发，并研究了不需要本振光参与的连续变量量子密钥分发方案。同年曾贵华教授小组在 CV-QKD 的实验分发上更进一步，完成了高速、稳定的密钥分发实验，在 50 km 的传输距离下得到了 52 kbps 的实时密钥分发速率，同时借助反馈控制算法，该系统可以持续稳定工作 12 小时以上。2016 年，上海交通大学曾贵华教授小组在传输距离上又取得新的进展，通过合理控制过噪声，在实验室环境下实现了超过 100 km 的 CV-QKD 传输。

理想的 CV-QKD 系统已经被证明是无条件安全的，随后关于 QKD 系统的实际安全性分析方面，人们又做了很多研究和探索。2007 年，Renner 等证明了 QKD 在相干攻击下的安全性；接着，研究者们又进行了一系列的理论研究和实验探索。在实际的 CV-QKD 系统中，器件的不完美或技术的限制会产生实际安全性问题，研究发现，由于编解码部分和探测器部分的不完美会导致一系列的安全漏洞。2013 年，P. Jouguet 和国防科技大学的马祥春、梁林梅等人分别提出了由于本振光被攻击而导致的安全性漏洞，并做了相应的分析。2014 年，中国科技大学的黄靖正、韩正甫等人提出了基于 Homodyne 检测器的量子黑客攻击技术。2015 年，H. Qin 等人分析了实际 CV-QKD 系统下的量子饱和攻击方案。2016 年，上海交通大学的汪超、曾贵华等人提出了由于采样带宽限制而导致的实际安全性问题，并做了分析，给出了解决方案。同时，随着 QKD 技术的不断发展，也出现了一些可实用的 QKD 网络。对于连续变量量子保密通信系统来说，检测器的作用也是至关重要的。研究人员一直致力于研究宽带宽、低噪声的量子检测器，因为传统方案的带宽基本都低于 100 MHz。2013 年，黄端等人报告了用于 CV-QKD 系统的 300 MHz 带宽的低噪量子检测器。

三、测量设备无关量子密钥分发协议

相比于窃听者 Eve 对源端的攻击，Eve 针对探测端的攻击更是层出不穷，比较典型的有强光致盲攻击、波长攻击、时移攻击、后脉冲攻击和死时间攻击等，而且甚至已经有实际的攻击方案演示，这都充分说明量子密钥分发系统探测端漏洞问题较为突出，实际的量子密钥分发系统面临较大威胁。Acin 等人首先提出了设备无关量子密钥分发协议（deuice independent quantum key distribution，DI-QKD），该方案与 Ekert 91 协议类似，需要纠缠分发的过程，其安全性依赖于无漏洞 Bell 不等式测量的破缺，但是实现无漏洞 Bell 不等式破缺需要满足极为严苛的条件，例如需要关闭局域性漏洞（测量事件类空间隔）和探测器效率漏洞等，所以 DI-QKD 的实用性并不强，即使能够勉强实现，其安全传输距离也很短。2012 年，加拿大 Hoi-Kwong Lo 等人提出了测量设备无关的量子密钥分发协议（MDI-QKD），完美解决了这一问题，关闭了量子密钥分发系统中探测端的漏洞。MDI-QKD 协议利用时间反演的纠缠分发协议，通信双方向不受信的第三方发射量子态，第三方进行 Bell 态测量，而纠缠分发协议能够免疫光源端的攻击，所以 MDI-QKD 也就能免疫探测端的所有攻击。结合诱骗态方法的 MDI-QKD 协议能够很好地抵御窃听者针对源端和探测端的攻击，是目前实现现实条件安全量子密钥分发最有潜力的方案之一。MDI-QKD 协议使得现实条件安全量子密钥分发向前迈进了一大步，很快就成为量子密钥分发领域耀眼的明星，吸引了大批研究者开展研究。2018 年，Lucamarini 等人提出孪生场量子密钥分发协议（TF-QKD），在继承了 MDI-QKD 协议的安全性的基础上大幅度提升了量子密钥分发的距离。

2012 年，Hoi-kwong Lo 等人提出的原始 MDI-QKD 中，就使用了偏振编码方案进行协议阐述与分析。随后，巴西的 J. P. von der Weid 小组，加拿大的 Hoi-kwong Lo 小组均实现了偏振编码的 MDI-QKD 实验系统。2016 年，东芝欧洲研究院和剑桥大学的 L. C. Comandar 等人采用基于种子光注入的增益开关半导体激光器，能够减少传统脉冲激光器产生光脉冲的时间抖动与频谱宽度,完成了重复频率为 1GHz 的偏振编码 MDI-QKD 实验。与此同时,相位编码的 MDI-QKD 方案也被提出,并先后进行了原理性验证与实地测试。相较于偏振编码 MDI-QKD 系统,时间戳 – 相位编码方案仅需保证通信双方发送光子某一维度的偏振态保持一致即可,降低了实际系统在光纤信道中的偏振态追踪难度,而且适用于光纤通信系统的相位编解码调制器件更加成熟,可以满足高速系统的调制需要。通过短短几年的努力,基于光纤信道的 MDI-QKD 量子通信技术已经接近实用化。但是在另一方面,由于光纤信道中传输的光子数随传输距离的增加呈指数衰减,同时由于光纤双折射效应导致的退相干使光子的量子相干性随着距离的增长变得越来越差,因此在无实用化量子中继的情况下,光纤量子通信的有效距离只能达到几百公里,距离构建更广域甚至全球的量子通信网还有很大差距。庆幸的是,还有另一种传输信道可以利用,那就是自由空间信道。相比于光纤信道,光子在自由空间传播过程中只在通过大气层时存在一定的衰减,在通过大气层后的外层空间,光子的衰减几乎为零。同时,由于大气几乎不存在双折射效应,所以光子在自由空间信道能够保持良好的相干性。所以,目前公认的最具有现实意义的实现覆盖全球的量子通信的技术途径是借助人造卫星或空间站等空间平台,在自由空间信道中进行量子密钥分发。

自由空间信道的建立比光纤信道要困难很多。由于背景噪声较大,而且大气湍流的存在会影响链路的效率和稳定性,自由空间信道的建立需要望远镜收发、滤波、跟瞄等多种技术支撑。自由空间的量子通信研究引起了研究学者们极大的兴趣,世界上多个小组相继开展相关实验研究,使得自由空间的量子密钥分发在安全距离、实验时间、实验协议等方面都不断扩展。我国在自由空间量子信息上的研究处于世界前列,2003—2016 年期间,许多瞄准实现星地量子通信的自由空间信道量子信息实验相继实现,包括远距离水平链路的量子纠缠分发实验、量子隐形传态实验、量子密钥分发实验以及垂直链路可行性的验证实验等。2016 年 8 月,我国成功发射了世界上首颗量子科学试验卫星"墨子号"。得益于我国之前在自由空间量子信息技术的积累,"墨子号"的三大科学实验目标——星地千公里级的量子纠缠分发、地星千公里级的量子隐形传态和星地千公里级的量子密钥分发都成功实现。2018 年,"墨子号"作为可信中继首次实现洲际量子密钥分发实验,进一步扩展了自由空间量子通信的实验距离。

从基于光纤信道和基于自由空间信道的量子通信实验研究的两条历史发展主线都可以清晰地看出,我们距离现实条件下,安全的广域量子通信目标越来越接近,这其中有许多实验成果是由中国的科学家做出的,特别是由中国科学技术大学主导成功实施的量子卫星项目直接让我国在广域量子保密通信方面的研究领跑世界。现实条件下安全也是量子通信面临的主要挑战之一,结合诱骗态方法的测量设备无关量子密钥分发协议(MDI-QKD)是实现现实条件下安全的量子保密通信最为切实可行的方案之一。

在测量设备无关量子密钥分发协议(MDI-QKD)中,Alice 和 Bob 均为量子态制备者。考虑单光子的情况下,通信双方随机地制备希尔伯特空间内二维量子态 $|H\rangle$ 和 $|V\rangle$(泡利矩阵 $\hat{\boldsymbol{\sigma}}_z$ 的本征态,简称 Z 基量子态),$|+\rangle$ 和 $|-\rangle$(泡利矩阵 $\hat{\boldsymbol{\sigma}}_x$ 的本征态,简称 X 基量子态)。随后,该光子由 Alice 和 Bob 同时发送给第三方 Charlie(不可信,可由窃听者 Eve 控制)。Charlie 收到 Alice 和 Bob 发出的光子之后,实施 Bell 态测

量（bell state measurement，BSM），使其塌缩到完备的 4 个 Bell 态中的一个。测量结束后，Charlie 将结果通过经典信道公布给 Alice 和 Bob。通信双方根据 Charlie 公布的测量结果，保留 Bell 态塌缩成功的事件，舍弃 Bell 态塌缩不成功的事件。经过经典信道对基之后，双方还需要进行纠错及密性放大等一系列后处理步骤才能够提取出最终的安全密钥。其协议装置如图 4.3 所示。

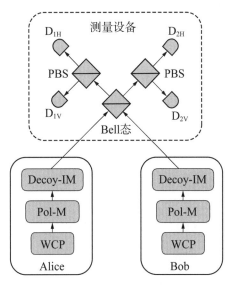

图 4.3　MDI-QKD 协议装置原理

协议的具体运行流程可以分为以下四个部分：

（1）量子态制备。合法通信双方 Alice 和 Bob 随机选取标准 BB84 态（Z 基：$|H\rangle$ 为 0，$|V\rangle$ 为 1；X 基：$|+\rangle$ 为 0，$|-\rangle$ 为 1）中的一个，发送给非可信的第三方 Charlie，并记录下对应经典比特值。

（2）态测量。Charlie 接收到 Alice 与 Bob 的量子态之后，对其进行联合 Bell 态投影测量。若投影成功，则通过经典信道告知 Alice 与 Bob。此过程中由于并未要求 Charlie 可信，故允许其未如实通告测量结果。

（3）对基。Alice 和 Bob 保留 Charlie 公布测量成功的比特信息，丢弃其他测量未成功的比特信息。双方进一步通过可信认证的经典信道公布并比对这些保留下来的基矢信息，抛弃基矢不匹配的比特信息，仅保留基矢匹配的比特信息。其中 Alice 和 Bob 均为 Z 基态的比特用来生成最终的密码，被称为筛后密钥（sifted key）；而 Alice 和 Bob 均为 X 基态的比特用来估计窃听者的信息量。

（4）后处理。由于 Eve 的窃听，以及信道损耗等因素，筛后密钥可能存在差异。此时 Alice 与 Bob 将执行纠错及密性放大等操作，得到最终一致的安全密钥。

在 QKD 系统中，真随机数也非常重要。量子随机数是利用量子力学的机制而产生的真随机数，其随机性是可以得到保障的。目前生成量子随机数的方法有很多种，其中比较常用的是单光子随机数发生器，这个方案主要是利用单光子经过 50/50 的分束器后选路来产生随机数，这种类型的方案比较简单，但产生的随机数速率一般比较低。还有一些方案是基于微弱光脉冲光子数来产生随机数的，这种方案通常是监测微弱光脉冲中的光子数量，例如测量结果如果为奇数，则记为 0，如果为偶数，则记为 1。还有一些研究人员提出了基于时间间隔来产生随机数的方案。上述这些方案都是基于单光子发射特性的。随后研究人员发现，基于激光器的相位噪声和真空态下的散粒噪声也可以产生真随机数。随着研究不断深入，近来年，高速量子随机数发生器的方案也层出不穷。2010 年，北京大学的郭弘教授团队以垂直腔表面发射激光器（VCSEL）为介质，通过测量相位噪声和偏振模式分配噪声，分别实现了 20 Mbps、80 Mbps 和 40 Gbps 的高速量子随机数发生器方案。2011 年，上海交通大学曾贵华团队提出了基于测量压缩真空态的高速随机数发生器方案。2012 年，北京大学的郭弘团队更进一步，报导了速率高达 1.6 Tbps 的高速随机数方案。

第三节　量子通信网络的核心构成

一、量子密钥分发设备

（一）QKD 设备工作原理

QKD 设备（图 4.4）的主要作用是通过对量子态进行编码、传输、测量等过程来完成量子密钥分发。

图 4.4　QKD 设备

量子保密通信中，信息编码为量子状态，或称量子比特。与此相对，经典通信中，信息编码为比特。通常，光子被用来制备量子状态。量子密码学利用量子状态的特性来确保安全性，量子密钥分发有不同的实现方法，但根据所利用量子状态特性的不同，可以分为两大类。

基于测量的量子密钥分发：与经典物理不同，测量是量子力学不可分割的组成部分。一般来讲，测量一个未知的量子状态会以某种形式改变该量子的状态，这被称为量子的不确定性。它的一些基本结论有海森堡不确定性原理和量子态不可克隆原理。这些性质可以被利用来检测通信过程中的任何窃听，更重要的是，能够计算被截获信息的数量。

基于纠缠态的量子密钥分发：两个或更多的量子状态能够建立某种关联，使得它们无论距离多远依然可被看作是一个保持关联的整体量子状态，而不是独立的个体，这被称为量子纠缠。例如，对其中一个粒子的测量会影响其他粒子的状态。如果处于纠缠的两个粒子对被通信的双方分别持有，任何对信息的扰动都会改变量子态，使第三方的窃听能够被发现。

（二）QKD 设备技术参数

QKD 设备主要技术参数包括：分发协议、线路跨段损耗、平均密钥成码率、系统线路损耗余量、信号波长。

1. 分发协议

根据 QKD 协议编码的希尔伯特空间是离散还是连续，可以将 QKD 协议分为离散 QKD 协议和连续 QKD 协议。

离散变量 QKD（DV-QKD）是研究时间最长，研究程度最深的一类协议。在该类协议中，用于编码的希尔伯特空间是有限维的，比如利用光子的特定偏振态、相位、角动量等作为编码空间。常见的离散变量 QKD 协议包括：BB84 协议、B92 协议、E91 协议、六态协议以及 MDI 测量无关协议等。

连续变量 QKD（CV-QKD）协议按照光源类别可分为相干态协议和压缩态协议，常用连续变量协议有：GG02 协议、离散调制四态协议、连续变量测量无关协议。

2. 线路跨段损耗

线路跨段损耗是指 QKD 系统发射端与接收端之间的光纤线路损耗，包括量子信道中的量子光交换机、外置式合/分波器插损。

3. 平均密钥成码率

平均密钥成码率是指 QKD 系统在线路跨段损耗条件下，一小时内的密钥成码率统计平均值。

4. 系统线路损耗余量

系统线路损耗余量是指在标称线路跨段损耗基础上，继续增加线路损耗直至平均密钥成码率降到 1 kbit/s 时对应的损耗增加值。

5. 信号波长

QKD 系统量子态光信号可采用常用的 C 波段 1550 nm 窗口以及 O 波段 1310 nm 窗口，基于诱骗态 BB84 协议的 QKD 系统同步光和协商信号可采用多种实现方案，可使用 O、C、L 等波段与量子态光信号实现基于 CWDM 或 DWDM 方式传输。

（三）QKD 设备的应用

QKD 设备可应用的领域包括国防军事、国家安全、金融、政务、能源、云计算等。

QKD 设备的典型应用：构建量子密钥保密通信网（图 4.5）。该网络由量子密钥分发设备 QKD、密钥管理设备 QKM、量子 VPN 以及用户终端组成。QKD 设备处于量子网络的最底层，搭配 QKM 设备，可为量子 VPN 设备提供安全可靠的量子密钥。获取到密

钥的 VPN 终端实现对用户端的业务数据进行加密、传输和解密。

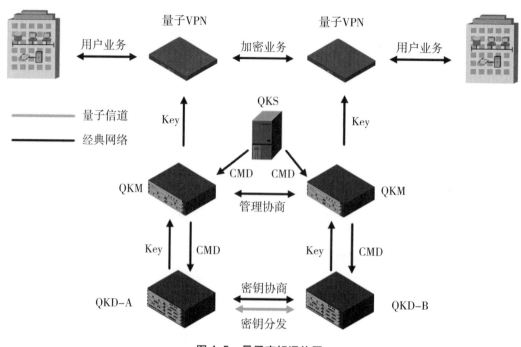

图 4.5　量子密钥通信网

二、量子光交换机

（一）量子光交换机的工作原理

量子光交换机（QOS，图 4.6）产品采用低损耗的量子信道时分复用技术，位于量子通信网络的汇聚节点，集中管理光纤信道资源，实现量子通信的灵活组网。根据不同的端口连接方式，可分为全通型量子光交换机和矩阵型量子光交换机。全通型量子光交换机可支持每个通道与其他通道间均实现互连，插入损耗低，通道间隔离度高，特别适用于多用户城域量子通信网络；矩阵型量子光交换机采用交叉式光纤链路交换，该类型的量子光交换机多用于量子密钥中继内部，以实现密钥分发终端的扩容与备份，同样具备低插损、高隔离度的特点。量子光交换机的应用可有效解决量子信道组网复杂以及用户使用成本偏高等问题，将极大地推动量子通信技术产业化。

（二）量子光交换机的技术参数

量子光交换机技术参数包括：插入损耗、偏振相关损耗、端口间串扰、端口切换时间。

1. 插入损耗
插入损耗是指输出端口的输出光功率与输入端口的输入光功率之比，以 dB 为单位。

2. 偏振相关损耗

偏振相关损耗是指在工作波长带宽范围内，对于所有偏振态，由于偏振态的变换导致的插入损耗的最大变化值，以 dB 为单位。

3. 端口间串扰

端口间串扰是指光信号从一个端口输入后，非输出端口测到的光功率与输入光功率之比，以 dB 为单位。

4. 端口切换时间

端口切换时间是指量子光交换机在接收到端口切换指令后直至相关端口完成状态切换的所需时长，以 ms（毫秒）为单位。

图4.6　量子光交换机

（三）量子光交换机的应用

QKD 设备可应用的领域包括量子密钥分发网络设备互联、光纤链路备份、光纤功率监测、光纤器件自动化测试等。

典型应用：构建量子保密通信城域网（图4.7）和多用户量子密钥分发网。该网络由量子光交换机 QOS、量子密钥分发设备 QKD、密钥管理设备 QKM 以及应用设备 VPN、用户终端组成，QOS 位于网络的汇聚节点，QKM 通过以太网经典网络控制光量子交换机的光路切换使得量子信道进行时分复用，实现用户站与汇聚节点两个 QKD 之间的量子密钥生成。

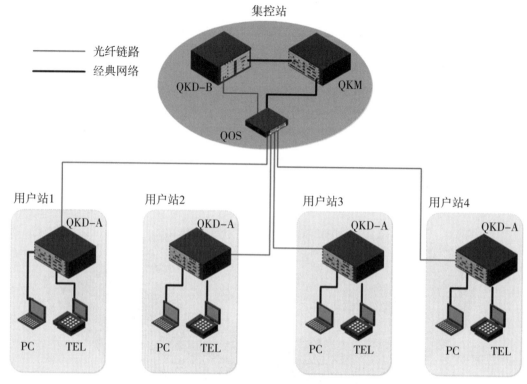

图 4.7　量子保密通信城域网

三、经典－量子波分复用设备

（一）经典－量子波分复用设备工作原理

经典－量子波分复用设备（QWDW，图 4.8）是经典通信网络与量子加密网络融合的桥梁，其主要原理是运用波长隔离、窄带滤波、波分复用等技术实现经典光信号与量子光信号复用到同一光纤传输，能够利用现有经典通信网络的光纤资源部署量子加密业务，无须单独铺设量子专用光纤。

（二）经典－量子波分复用设备技术参数

经典－量子波分复用设备参数包括：插入损耗、偏振相关损耗、端口间串扰。参数定义与量子光交换机技术参数相同。

图4.8　经典－量子波分复用终端

（三）经典－量子波分复用设备的应用

经典－量子波分复用终端可应用于 MSTP、城域网光纤直连等网络环境，可应用的领域包括：国防军事、国家安全、金融、政务、能源、云计算等。

典型应用：构建量子设备与经典设备融合传输网络（图4.9）。经典量子波分复用终端是将量子通信网络与经典通信网络融合的桥梁，配合量子密钥生成与管理终端，实现量子信号与经典信号复用同一根光纤传输，实现对用户端传输的业务数据进行加密、传输和解密。

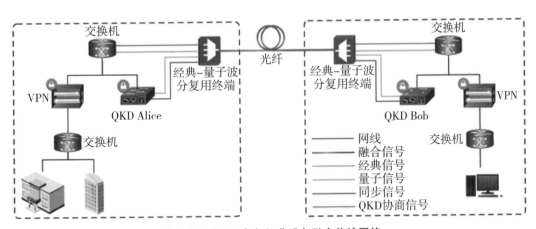

图4.9　量子设备与经典设备融合传输网络

四、量子密钥管理系统

量子密钥管理系统（QKS，图4.10）是一款应用于量子保密通信网络的密钥管理类产品。该产品应用于量子保密通信网络的密钥管理层，是集量子密钥分发控制、量子密钥接收、量子密钥比对、量子密钥存储、密钥中继、中继密钥路由控制功能于一体的高度集成化产品。该产品既可以作为可信中继密钥管理机组建城域量子保密通信网络，又可以作为干线的密钥管理机搭建广域量子保密通信网络，支持对多台量子密钥生成终端的控制和灵活组网，数据处理能力强，安全防护能力高。

图 4.10 量子密钥管理系统

五、量子加/解密设备

量子加/密设备（图 4.11）主要采用 IPSec VPN 或者 SSL VPN 技术，使用量子密钥替换传统的密钥交换，为用户内部网络数据传输提供机密性、完整性保护以及数据源鉴别等安全保障。

图 4.11 量子加密、解密设备

六、移动应用接入设备

移动应用接入设备（图 4.12）的主要功能是，通过量子安全介质将量子密钥资源分发到各种移动通信设备中，并对移动密钥进行动态管理，为用户提供任意多点间密钥协商、接入认证、访问控制、安全存储等功能服务。

基于量子密钥分发网络，移动应用接入设备可为用户提供本地接入和漫游接入的功能。无论是在家中、公司或旅行中，用户都可以安全可信地就近接入量子保密通信网络，更新安全保护能力。

移动应用接入设备超越了点对点移动加密通信的范畴，把安全作为服务提供给用户，不受限于操作系统、应用协议和应用平台，展现了应用扩展的无限可能。

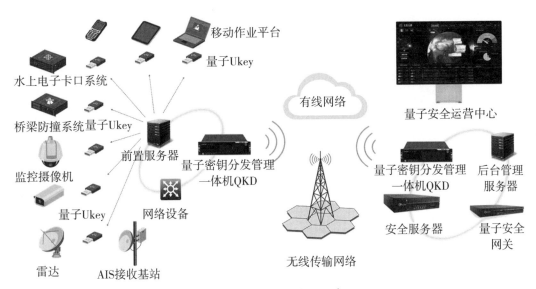

图 4.12　移动应用接入设备

第五章　实用化量子通信

第一节　星地一体的广域量子保密通信网络

一、基于可信中继的远距离量子通信

远距离通信需要克服传输介质损耗对信号的影响。经典通信中，可采用放大器增强信号。但在量子网络中，由于量子不可克隆定理，放大器是无法使用的。基于量子纠缠交换，可以实现量子纠缠的中继，进而实现远距离量子通信。但量子中继技术难度很大，还不能实用。目前，为构建远距离量子密钥分发基础设施采用的过渡方案是可信中继器方案。

（一）可信中继器方案原理

考虑两个端节点 A 和 B，及其之间的可信中继器 R。A 和 R 通过量子密钥分发生成密钥 K_{AR}。类似地，R 和 B 通过量子密钥分发生成密钥 K_{RB}。则 A 和 B 通过 R 产生共享会话密钥 K_{AB} 的过程如图 5.1 所示：A 将 K_{AB} 通过 K_{AR} 以一次性密码本加密后发送至 R，R 解密得到 K_{AB}。R 使用密钥 K_{RB} 重新加密 K_{AB}，并将其发送给 B。B 解密后获得 K_{AB}。A 和 B 通过共享密钥 K_{AB} 进行加密通信。

这种将密钥以一次一密的方式从 A 传递至 B，可以实现信息理论上安全的密钥分发，可防止任意的外部窃听者攻击。但这种方案要求任何一个中继节点必须是安全可信的。

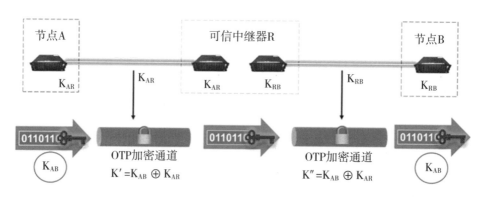

图 5.1　可信中继原理

（二）可信中继的安全性增强技术

在可信中继节点，密钥已经失去量子特性，不再受量子原理的保护，因此，可信中继的安全防护是目前 QKD 网络需解决的关键问题之一。

结合传统的信息安全技术对节点进行防护，同时改进密钥中继方案，可有效降低可信中继的防护难度。一种改进的密钥中继技术是异或中继技术，在中继节点处只会暂存经过异或后的量子密钥。因此，在中继节点处除了量子密钥刚刚生成后极短的时间内，其他时间都不会出现量子密钥明文。攻击者只有在刚刚生成量子密钥时就攻入系统才可能窃取到量子密钥，进而破获用户密钥；在其他时刻攻击中继，都无法影响用户密钥的安全。这种方案可以很大程度上减轻中继节点的安全防护难度。异或中继的原理如图 5.2 所示。

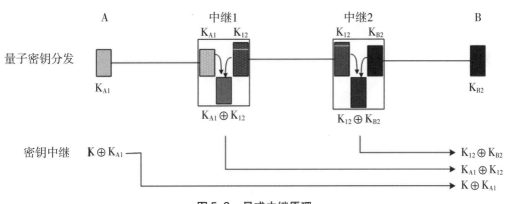

图 5.2　异或中继原理

（三）组网层次划分

我国量子保密通信网络的组网层次，可分为国家级干线、省级干线和市级接入三级。骨干网包括国家级干线和省级干线，市级接入连接城域网。通过国家级干线级多个密钥管理服务之间的协作，可以实现在干线全网上的快速动态路由切换。通过对骨干网和城域网的多级分层规划，可以实现在同层多个自治域之间的灵活扩展。通过集中式密钥路由计算，可以方便地与其他密钥管理业务进行融合，提高各业务之间的配合度，全面提升业务服务水平。

站点类型：量子保密通信骨干网络站点一般分为中继站点与骨干站点。

可信中继组网：一般采用可信中继技术的多级级联方式将各干线骨干站点、中继站点进行连接，通过多级密钥中继的方式实现各骨干站点间的量子密钥共享；新增城域网可以通过光纤资源接入骨干站点，从而接入到现有量子保密通信网络。

二、基于光纤的城域量子通信

城市范围内，基于丰富的光纤资源和成熟的光纤技术构建光纤量子通信网络是解决信息安全传输的最有效的方案。

（一）城市量子保密通信网络类型

一般城市的量子保密通信网络分为经典的（或说传统的）数据传输网络和量子密钥交换网络（图5.3）。其中，传统的数据传输网络为城市现有的业务系统网络；在不改变原有数据传输网络的情况下，依托量子城域网叠加形成一张量子密钥交换网络。指定业务数据流向量子安全加密设备，在数据传输用户单位间建立量子加密通道，保证端到端数据传输安全。采用此方式，不影响现有数据传输的整体网络结构，相当于在现有网络基础上再加一把量子"锁"。

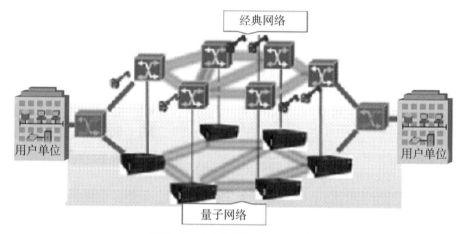

图5.3　城市量子保密通信网络

（1）经典传输网络。各业务应用单位通过量子安全路由器使用量子密钥对数据进行加密。

（2）量子密钥交换网。由量子城域网叠加形成一张量子密钥交换网络，对QKD设备产生的密钥进行网络分发，为量子加密设备提供加解密密钥，实现数据传输的安全。

（二）传统量子保密城域网

如图5.4所示，整体分为二层：城域网核心层和城域网接入层。核心层主要负责连接骨干网，负责对城域网内部业务控制层设备的汇接，以及网络各节点之间的报文大容量、高速转发。它采用环形结构以提供路由安全性保障。

城域网接入层实现对用户的汇聚，用户终端采用裸光纤接入用于量子信道和业务信道。对于特别重要的用户，以双上联方式接入接入层，避免单点设备故障引起的业务中断。

城域网核心层主要采用集控站组网方式，该方式具有很好的扩展性。每个集控站之间的距离主要由光纤损耗决定，采用 GHz 设备进行组网，可以满足现场光纤距离为30～50 km 的传输要求。

集控站相当于本地城域网的核心路由节点，上联可采用双纤链路完成城域网与卫星地面站对接，与国家量子保密通信骨干网互联互通。本地集控站组成双纤环网用于链路保护，下联可进行汇聚，接入用户节点。

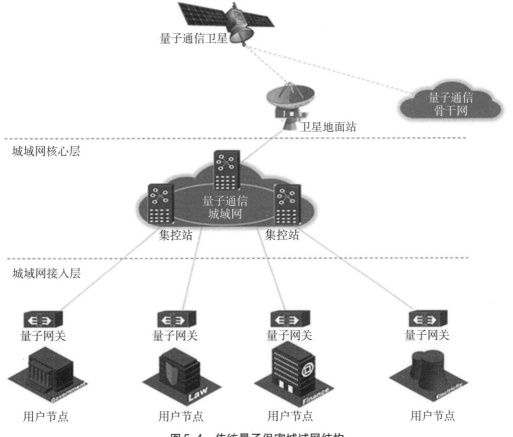

图5.4　传统量子保密城域网结构

（三）量子保密通信网的一般组网方式

1. 星形组网方式

如图5.5所示，量子集控站是组建规模化量子保密通信网络的核心设备，其实现了量子保密通信网络的核心层功能，突破了构建量子网络结构简单、规模小的局限，能够用于组建大规模量子保密通信网络骨干网。

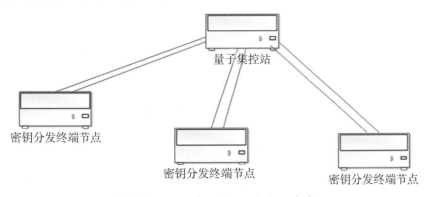

图5.5　量子集探站（星形）组网方式

2. 链形组网方式

如图 5.6 所示，链形组网方式是指多个量子密钥分发节点顺次逐个相连成链形网络或单环形网络的组网方式。

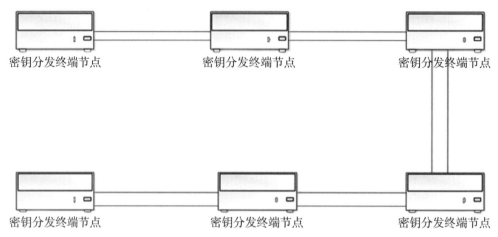

图 5.6　链形组网方式

3. 环形组网方式

链状组网方式的一个特例就是环形组网方式，如图 5.7 所示，链状的首尾相连即为环形组网。当链状组网方式中两端口的量子密钥分发终端节点，以点对点或端对端方式连接成环时，即构成环形组网。

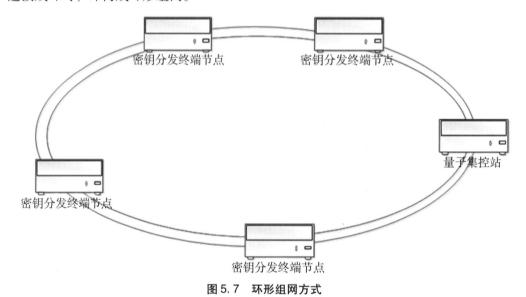

图 5.7　环形组网方式

4. 网状组网方式

随着网络技术发展和应用需求的提升，普通拓扑结构的量子保密通信网络已不能满足需求。在星形网络的基础上进行拓展，可以在城域范围内进行更加复杂的网状结构组网，如图 5.8 所示。

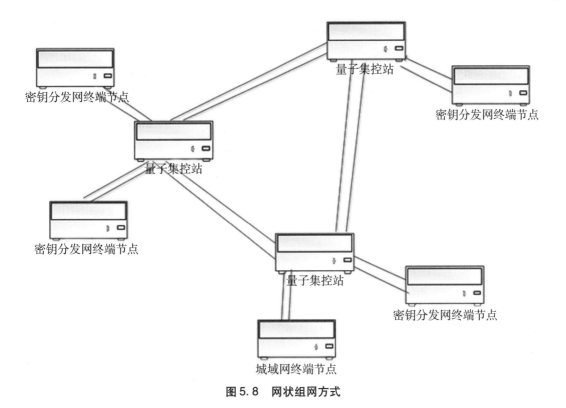

密钥分发网终端节点

量子集控站

密钥分发网终端节点

量子集控站

密钥分发网终端节点

密钥分发网终端节点

量子集控站

密钥分发网终端节点

城域网终端节点

图 5.8　网状组网方式

三、基于卫星的自由空间量子通信

　　量子密钥分发是最先有望实用化的量子信息技术，其物理原理保证的无条件安全性使科学家们一直致力于全球化量子密钥分发的研究。要实现全球量子密钥分发网络，人们需要突破距离的限制。由于光纤损耗和探测器的不完美性等因素的限制，以光纤为信道的量子密钥分发的距离已基本到达极限。而由于地球曲率和远距可视等条件的限制，地面间自由空间的量子密钥分发也很难实现更远的距离。因此，要实现更远距离的甚至是全球任意两点的量子密钥分发，基于低轨道卫星的量子密钥分发成为实现星地量子通信最有潜力和可行性的方案。

　　基于卫星平台的星地量子通信方案，具有信道损耗小、接入灵活性高、覆盖面广和生存性强等优点，成为量子通信科学研究和实验探索的热点方向。2016 年 8 月，我国成功发射了全球首颗科学实验卫星"墨子号"，并在之后 4 年取得一系列国际领先科研实验成果。2021 年 1 月，中国科学技术大学在 *Nature* 发文，对基于"墨子号"量子科学实验卫星和量子保密通信"京沪干线"技术验证及应用示范项目（图 5.9），验证天地一体化量子通信组网可行性科研成果进行回顾综述，通过提升工作频率、地面站望远镜尺寸和耦合效率，使用平衡选基新协议等改进措施，在理想气象条件下单轨星（约 6 分钟）的 QKD 密钥成码率比早期结果提升 40 倍，可达 47.8 kbps，每周密钥生成量的理想化最大值约 36 Mbit。

　　虽然"墨子号"卫星高标准、超预期地完成了预定科学实验任务，并在国内外开

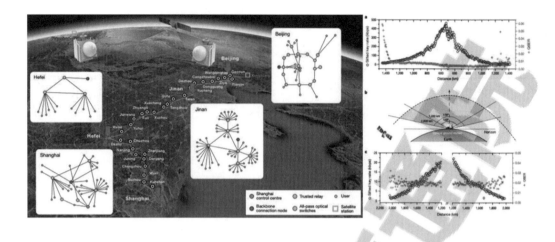

图 5.9　基于"墨子号"卫星和"京沪干线"天地一体化组网验证

（来源：*Nature*，2021，589：214−219。）

展了基于星地 QKD 的量子保密通信初步示范应用，但需要指出的是，基于卫星的星地 QKD 传输组网要走向实用化，仍面临诸多需要解决的技术和工程挑战。"墨子号"是低轨道卫星，单轨可用传输时间和地面覆盖范围有限，受工作波长和背景光噪声限制，仅能在晚间工作，同时，星地空间光路可用性受地面天气状态影响明显，星地之间实时协商后处理功能远未完善。上述局限性导致"墨子号"在科学实验价值之外的实用化能力仍较为有限。此外，卫星与地面站的体积、重量、成本，以及任务实施部署费效比，也是开展工程研究和应用探索中不得不考虑的限制因素。

尽管星地量子通信在工程和应用等方面仍面临重重挑战，但相关科研和实验探索也在持续稳步开展和推动。据中国科学技术大学科研团队报告，在 LEO 量子通信卫星实用化研究方面，已开发载荷重量约 30 kg 微纳 QKD 卫星，工作频率提升到 625 MHz，具备基于激光通信的实时密钥协商后处理功能，同时已研发重量小于 100 kg 的可移动式地面接收机，提升地面站部署灵活性，预计示来基于 3～5 颗低成本微纳卫星或可覆盖全球上百用户，提供 QKD 密钥每周更新服务。针对下一代地球静止轨道卫星量子通信需求，中国科学技术大学报道基于 1500 nm 工作波长，在 53 km 距离实现白天条件的地面自由空间 QKD 传输，为突破地影区工作限制开展前期验证；"墨子号"开展了低仰角（5°）远距离（2000 km）星地 QKD 传输实验，初步验证了万公里距离的星地 QKD 传输可行生。同时，布局 GHz 频率光源系统、高效率背景光噪声抑制、大口径高精度光学系统和自适应光学接收等技术攻关。MDI-QKD 协议系统自由空间传输实验验证取得进展。

第二节　我国的几种实用化量子通信

一、京沪干线量子通信和京汉广干线量子通信

基于城际骨干网构建远距离、大尺度的 QKD 网络，对于验证广域 QKD 网络的大规模组网能力、激活行业用户的应用需求，具有重要的意义。我国先后开展了京沪干线、武合干线、京汉广干线、宁苏干线、京哈干线等 QKD 骨干网络建设。

2017 年 9 月底，由中国科学技术大学作为项目主体建设的量子保密通信京沪干线正式开通，总长超过 2000 km，覆盖四省三市共 32 个节点，是世界上最远距离的基于可信中继方案的量子安全密钥分发干线（图 5.10）。该工程验证了基于异或中继方案的多节点量子密钥安全中继技术、远距离量子保密通信产品的可靠性、大规模量子保密通信网络的管理能力。京沪干线的建成标志着我国在全球已构建出首个星地一体化广域量子通信网络雏形，为实现覆盖全球的量子保密通信网络迈出了坚实的一步。建成后的量子通信京沪干线，连接了北京、上海，贯穿济南和合肥，推动量子通信在金融、政务、国防、电子信息等领域的大规模应用。京沪干线以北京、上海为端点，经过北京、河北、山东、江苏、安徽、上海等省市，全程设置骨干站点 5 个（北京、济南、合肥、南京、上海），中继站点 27 个（高村、王庆坨、天津、子牙、沧州北、东光、德州、禹城、泰安、曲阜、滕州、薛城、徐州、庄里、宿州、君王、禹会、吴圩、大墅、滁州、句容、镇江、丹阳、常州、无锡、苏州、昆山）。

图 5.10　量子保密通信京沪干线

武合干线是量子保密通信国家骨干网络的组成部分之一，于 2017 年底开始建设，目前已全线贯通，成为量子国家骨干线路向南、向西延伸的的重要支撑（图 5.11）。武合干线将服务于中部地区的政务、金融、能源、数据中心、航空航天及港口等重点领域的信息安全需求。武合干线以合肥、武汉为端点，经过安徽、湖北等两省，路由总长度约 600 km，全程设置骨干站点 2 个（武汉、合肥），中继站点 9 个（鄂州、黄石、大金、黄梅、太湖、潜山、安庆、桐城、舒城）。

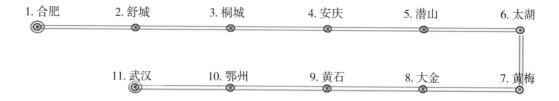

图 5.11　量子保密通信武合干线

作为国家广域量子保密通信骨干网络建设重要组成部分的京汉广干线和沪合干线，于 2018 年开始建设，目前处于施工阶段。

京汉广干线如图 5.12 所示。

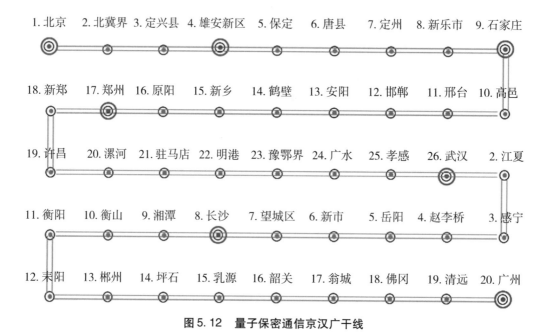

图 5.12　量子保密通信京汉广干线

沪合干线如图 5.13 所示。

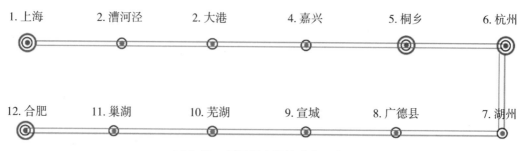

图 5.13　量子保密通信沪合干线

同时，京汉广干线延长线、沪合干线延长线、京哈干线、大湾区干线等也均已同步启动建设。

二、量子城域网

依托国家广域量子保密通信骨干网，我国在北京、济南、合肥、上海、武汉、海口、成都等地相继建成量子保密通信城域网，推动 QKD 网络技术在多用户组网、与实际应用结合、与现有光网络融合等方面的不断发展；以金融、政务等为核心业务的城域网和行业专网，为大规模应用打下了良好基础。

（一）北京城域网

为满足北京市海淀区、西城区金融机构、政府机构及部分企业总部使用量子保密通信技术进行密钥分发的需求，国科量子公司建设了北京城域网项目如图 5.14 所示，项目覆盖的重点区域为北京市海淀区、西城区、经济技术开发区等区域。目前，北京城域网已接入大量金融用户、政务用户等。

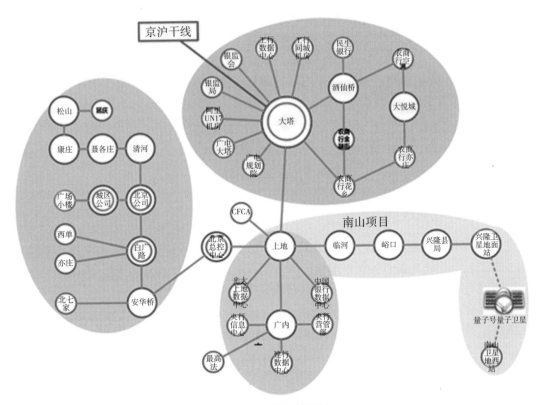

图 5.14　北京城域网

（二）上海城域网

上海量子保密通信总控及大数据中心和陆家嘴金融量子保密通信应用示范网于2017年建成；涵盖工商银行、中国银行、交通银行、浦发银行等17家金融用户单位，有8个汇聚节点、29个接入节点，共计37个节点（图5.15）。

建成多家金融用户单位基于量子保密通信的同城数据灾备和安全传输、企业网银量子保密通信安全传输应用，以及多点高清量子保密通信视频会议系统；

在长三角地区布局量子技术金融数据灾备中心基础设施，为金融机构提供高安全等级的数据服务，打造目前世界上最先进的金融行业应用量子保密通信网。

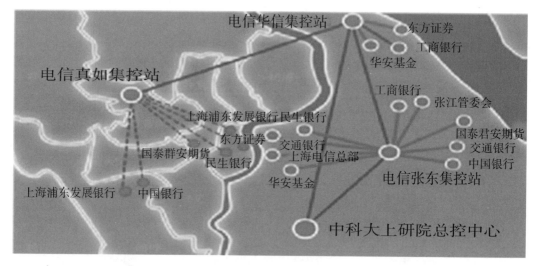

图5.15 上海城域网

（三）合肥城域网

2010年建设合肥城域量子通信试验示范网，涵盖46个省市政府机关单位、金融机构、军工企业、研究院所等用户单位。

2014年建设合肥市公安量子安全通信系统试点工程，共9个节点。

2017年，合肥量子政务外网启动建设，在合肥市区内拥有13个汇聚站点、24个接入节点，共计37个节点，覆盖50个政务单位用户。

2021年，合肥启动新一期量子城域网建设，计划建设159个用户节点，可实际为市、区级500个以上委办局提供数据加密传输及量子安全密钥服务，并对合肥市政务云进行升级改造，打造量子安全政务云及云上安全应用。该网络有望成为实用化量子保密通信网络的标杆范例，提升城市整体信息安全，从而快速形成量子通信应用的"合肥模式"。

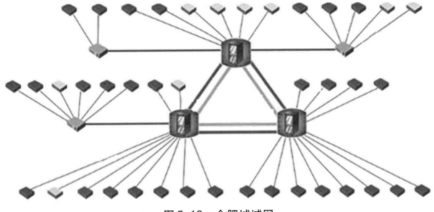

图 5.16　合肥城域网

（四）济南城域网

济南量子通信试验网于 2014 年建成。该网络业务涵盖政务、金融、政法、科研、教育等五大领域，节点数达到 56 个，涉及用户单位 28 家，在该网络上可实现基于安全可靠、集成化、工程化的量子密钥分发系统，为用户提供超过 90 部量子加密的语音电话、接入服务以及传真、文本通信和文件传输业务。后续以此试验网为关键技术攻关和实用化产品测试的平台，推动该网络成为国家级量子通信新技术试验床，形成具有完全自主知识产权的国际领先的一系列量子通信核心技术。该网络实现了安全可靠、集成化、工程化的量子密钥分发系统，是目前世界上已知量子节点、用户数量、业务种类和"密钥"发放最多、规模最大的城域量子通信网络。网络业务涵盖政务、金融、科研、教育等诸多领域，完全承载实际应用，并具有优质的用户体验。

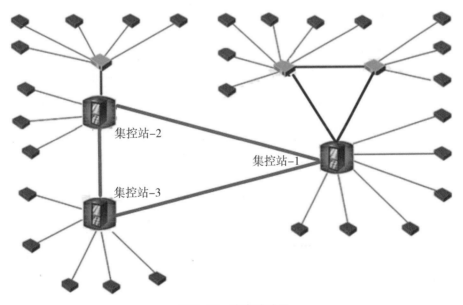

图 5.17　济南城域网

（五）武汉城域网

武汉量子保密通信城域网（图 5.18）以量子政务网为切入点，覆盖市级重要数据中心和核心部门，确保武汉市智慧城市应用核心数据的传输安全。打造国内首个面向商业运营的量子城域网。武汉量子保密通信城域网包括 1 个展示中心（可扩展）、1 个大型集控站、1 个大型可信中继站、9 个可信中继站、60 个用户节点。是中国首次采用经典量子波分复用技术建设的第一张面向运营、提供安全服务的商用量子保密通信城域网，是我国量子商业应用及产业化的里程碑。

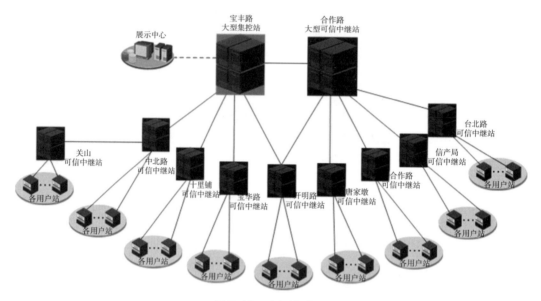

图 5.18　武汉城域网

（六）海口城域网

海口量子保密通信城域网进一步覆盖省直及各厅局单位，为 20 个党政机关的政务办公、数据传输、视频会议等业务应用提供更高的信息安全保障；由 1 个集控站、2 个汇聚站及 20 个用户节点组成（图 5.19）。

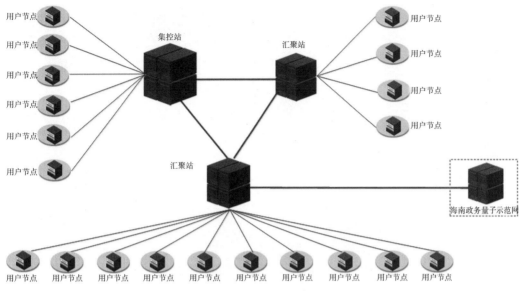

图 5.19　海口城域网

三、"墨子号"量子科学实验卫星

以量子保密通信京沪干线和"墨子号"量子科学实验卫星为基础，在京津冀、长江经济带等重点区域建设量子保密通信骨干网及城域网，形成量子保密通信骨干环网。

2017 年 9 月，量子保密通信京沪干线与"墨子号"量子卫星成功对接，研究团队在此基础上，成功构建了世界上首个集成 700 多条地面光纤量子密钥分发（QKD）链路和两个星地自由空间高速 QKD 链路的广域量子通信网络，实现了地面跨度 4600 km（中国最东端到最西端为 5200 km）的星地一体的大范围、多用户量子密钥分发，并进行了长达两年多的稳定性和安全性测试、标准化研究以及政务金融电力等不同领域的应用示范。广域量子保密通信技术在实际应用中的条件已初步成熟。中国构建天地一体化广域量子保密通信网络的雏形，为未来实现覆盖全球的量子保密通信网络奠定了科学与技术基础。

通过装载量子信号处理装置的卫星和地面站，有望实现空间大尺度的量子保密通信，组成覆盖全球的洲际 QKD 网络，实用价值明显，一直是世界各国追逐的方向。我国科学家在该领域长期耕耘，2016 年 8 月 16 日，世界首颗量子科学实验卫星"墨子号"在我国酒泉卫星发射中心成功发射。它升空之后，配合多个地面站（已开通北京兴隆、乌鲁木齐南山、青海德令哈、云南丽江、西藏阿里、奥地利格拉兹六个地面站，参见图 5.20），在国际上率先实现星地高速量子密钥分发、星地双向量子纠缠分发及空间尺度量子非定域性检验、星地量子隐形传态。

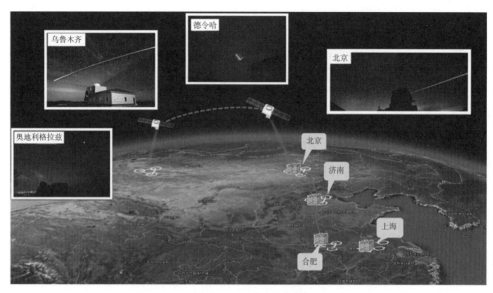

图 5.20 墨子号与星地高速量子密钥分发

2017 年 2 月，"墨子号"卫星与京沪干线成功对接（图 5.21），并率先开展了洲际广域 QKD 网络的应用演示。在 2017 年 9 月 29 日京沪干线开通仪式上，中国科学院白春礼院长和奥地利科学院院长安东·塞林格（Anton Zeilinger）通过奥地利地面站——"墨子号"量子卫星——兴隆地面站——京沪干线建立的洲际量子保密通信链路进行了 75 分钟的量子加密视频会议，展示了国际量子保密通信的应用前景。

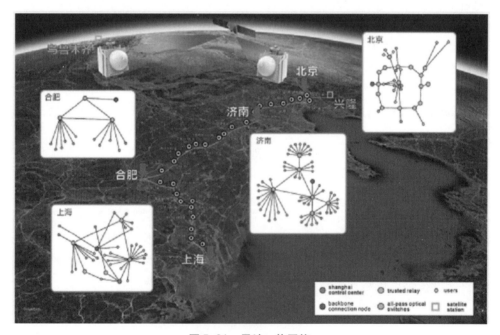

图 5.21 星地一体网络

第三节　世界各国的量子通信实用化进展

随着量子信息技术的发展，量子通信网络及其应用不断演进。目前，量子保密通信的应用主要集中在利用 QKD 链路加密的数据中心防护、量子随机数发生器，并延伸到政务、国防等特殊领域的安全应用。未来，随着 QKD 组网技术成熟，终端设备趋于小型化、移动化，QKD 还将扩展到电信网、企业网、个人与家庭、云存储等应用领域。长远来看，随着量子卫星、量子中继、量子计算、量子传感等技术取得突破，通过量子通信网络将分布式的量子计算机和量子传感器连接，还将产生量子云计算、量子传感网等一系列全新的应用。从基础设施建设到下游行业应用，量子通信市场空间广阔。

如图 5.22 所示，全球量子保密通信未来市场将进入快速增长阶段。

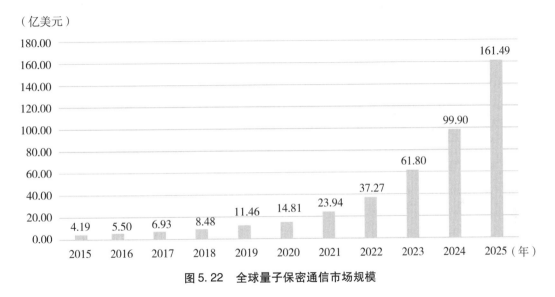

图 5.22　全球量子保密通信市场规模

2016 年，英国政府办公室发布的《量子时代的技术机会》研究报告中描绘了量子通信应用发展趋势。目前处在量子保密通信的应用阶段，包括政务、国防等特殊领域的安全应用。

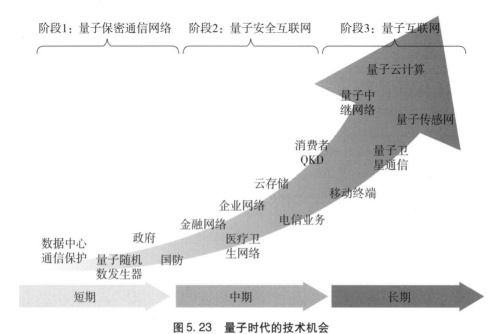

图 5.23　量子时代的技术机会

（来源：英国政府办公司 2016 年报告"量子时代：技术机会"。）

一、中国量子通信实用化进展介绍

党和国家领导人高度重视量子保密通信产业。中共中央总书记、国家主席、中央军委主席习近平高度重视量子通信技术的研发与产业化应用进展，多次现场指导、视察量子通信技术的研发工作，不仅对量子通信技术的研发给予了高度肯定，并在座谈指出，"量子通信已经开始走向实用化，这将从根本上解决通信安全问题，同时将形成新兴通信产业"。2016 年 5 月，习近平总书记在全国科技创新大会、两院院士大会、中国科协第九次全国代表大会上的讲话中指出："'两弹一星'……等成就、……量子通信……等工程技术成果，为我国经济社会发展提供了坚强支撑，为国防安全作出了历史性贡献，也为我国作为一个有世界影响的大国奠定了重要基础"。2016 年 4 月 26 日，习近平总书记在视察量子通信京沪干线总控中心时指出："很有前途，非常重要"。在十九大报告中，习近平总书记把量子通信与载人航天、深海探测、大飞机并列为重大创新成果，认可量子通信行业地位和发展成果。2018 年 7 月 25 日习近平总书记在金砖国家论坛发表重要讲话中强调："未来 10 年，将是世界经济新旧动能转换的关键 10 年。……量子信息、生物技术等新一轮科技革命和产业变革正在积聚力量，催生大量新产业、新业态、新模式，给全球发展和人类生产生活带来翻天覆地的变化。我们要抓住这个重大机遇，推动新兴市场国家和发展中国家实现跨越式发展。"

2020 年 10 月 16 日，中共中央政治局举行主题为"量子科技研究和应用前景"的第二十四次集体学习。习近平总书记在主持学习时强调，当今世界正经历百年未有之大变局，科技创新是其中一个关键变量。我们要于危机中育先机、于变局中开新局，必须向科技创新要答案。要充分认识推动量子科技发展的重要性和紧迫性，加强量子科技发展战略谋划和系统布局，把握大趋势，下好先手棋。

在最新发布的我国"十四五"规划中，从科技研究、产业发展、国防与经济实力等多个维度，对量子信息、量子通信做出部署。包括：

《第四章　强化国家战略科技力量》："聚焦量子信息、光子与微纳电子……等重大创新领域组建一批国家实验室；瞄准人工智能、量子信息、集成电路……等前沿领域，实施一批具有前瞻性、战略性的国家重大科技项目。"

《第九章　发展壮大战略性新兴产业》："在类脑智能、量子信息……等前沿科技和产业变革领域，组织实施未来产业孵化与加速计划，谋划布局一批未来产业。"

《第十五章　打造数字经济新优势》："加快布局量子计算、量子通信、神经芯片、DNA 存储等前沿技术，加强信息科学与生命科学、材料等基础学科的交叉创新。"

《第五十七章　促进国防实力和经济实力同步提升》："深化军民科技协同创新，加强海洋、空天、网络空间、生物、新能源、人工智能、量子科技等领域军民统筹发展。"

（一）我国量子通信领域的成就

在量子通信领域，中国虽然并不是起步最早的，但是，在中国科学院院士潘建伟等的不懈努力下，目前中国在量子通信领域已经实现"弯道超车"，是完成首个将量子通信卫星"墨子号"送入太空的国家，也是世界上首次实现基于可信中继方案的远距离量子安全密钥分发的量子保密通信干线京沪干线开通的国家。我国率先完成了星地一体量子通信网络关键技术的验证和应用示范，我国量子通信已经全面实现了实用化，技术研发实力处于全球领先地位。

当前，我国已经初步建成了量子保密通信干线京沪干线和京汉广干线，沿途的主要城市亦已完成量子网络基础设施的初步建设，政务、金融、交通、能源、军民融合、互联网等行业依托上述量子网络基础设施均已开展深度应用。目前，国内量子保密通信已建或在建项目包括：

序号	时间	地点	名称
1	2009 年	合肥	5 节点全通型量子通信网络
2	2009 年	芜湖	7 节点量子政务网
3	2009 年	北京	建国 60 周年阅兵量子保密热线
4	2012 年	合肥	合肥城域量子通信试验示范网
5	2012 年	北京	新华社金融信息量子通信试验网
6	2012 年	北京	十八大量子安全通信保障
7	2012 年	合肥、芜湖	"合果芜"城际量子通信网
8	2013 年	济南	济南量子通信试验网
9	2014 年	合肥	公安量子通信试验网
10	2015 年	北京	抗战胜利 70 周年阅兵量子密语及传输工程
11	2017 年	各地	"墨子号"量子科学实验卫星广域量子密钥应用平台

续上表

序号	时间	地点	名称
12	2017 年	北京、上海	量子保密通信"京沪干线"
13	2017 年	南京、苏州	江苏省苏宁量子干线
14	2017 年	合肥	融合量子合肥政务外网
15	2017 年	济南	济南党政机关量子通信专用
16	2017 年	北京	十九大量子安全保障
17	2018 年	武汉、合肥	武合量子保密通信干线
18	2018 年	武汉	武汉量子保密通信城域网
19	2018 年	北京	北京量子城域网
20	2018 年	华东	阿里巴巴 OTN 量子
21	2018 年	上海	陆家嘴金融量子保密通信应用示范网
22	建设中	宿州	宿州量子保密通信党政军警专用网
23	2019 年	乌鲁木齐	乌鲁木齐量子保密城域网
24	建设中	海口	海口量子保密通信城域网
25	建设中	西安	西安量子保密通信城域网
26	2019 年	贵阳	贵阳市量子保密通信城域网
27	建设中	中国	国家量子保密通信骨干网（汉广段、沪合段）
28	2020 年	金华	金华量子保密通信城域网
29	建设中	南京	南京江宁区政务网量子通信专网
30	建设中	成都	成都市电子政务外网（量子保密通信服务试点）
31	建设中	苏州	苏州市吴江区电子政务外网量子安全通信

2021 年，中国在量子通信领域继续取得多项世界领先的成就。

1. 中国构建世界首个天地一体化量子通信网络

2021 年，基于量子保密通信京沪干线与"墨子号"量子科学实验卫星，中国构建了世界首个天地一体的广域量子通信网络，实现地面跨度 4600 km、天地一体的大范围、多用户量子密钥分发，证明广域量子通信技术实际应用已经初步成熟。1 月 7 日，研究团队在国际学术期刊《自然》杂志上发表了题为《跨越 4600 km 的天地一体化量子通信网络》（"An integrated space-to-ground quantum communication network over 4,600 kilometres"）的论文。

2. 中国建成 500 公里无中继光纤量子通信网络

2021 年 6 月，中国科学技术大学、济南量子技术研究院、国盾量子联合研究团队使用已有商用光纤链路，突破现场远距离高性能单光子干涉技术，分别采用两种技术方案实现 500 km 量级双场量子密钥分发（TF-QKD），创造了现场无中继光纤量子密钥分发传输距离的新世界纪录。

实验分别用了两种技术方案来克服技术难题：采用激光注入锁定实现了 428 km TF-QKD；利用时频传递技术实现了 511 km TF-QKD（图 5.24）。研究团队基于 SNS-TF-QKD（"发送－不发送"双场量子密钥分发）协议，发展激光注入锁定技术和时频传输技术，将现场相隔几百公里的两个独立激光器的波长锁定为相同；再针对现场复杂的链路环境，开发了光纤长度及偏振变化实时补偿系统；此外，对于现场光缆中其他业务的串扰，精心设计了 QKD 光源的波长，并通过窄带滤波将串扰噪声滤除；最后，结合中国科学院上海微系统与信息技术研究所研制的高计数率低噪声单光子探测器，在现场将无中继光纤 QKD 的安全成码距离推至 500 km 以上。

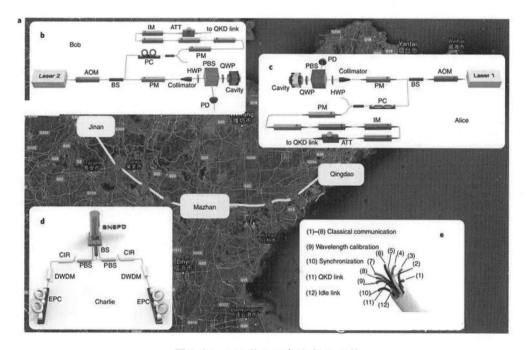

图 5.24　511 公里无中继 QKD 网络

（来源：《物理评论快报》。）

3. 量子密钥分发和后量子加密算法的融合应用

2021 年 5 月，来自中国科学技术大学、上海交通大学、云南大学与国盾量子、国科量子等公司的联合研发团队宣布，在国际上率先完成量子密钥分发（QKD）和后量子加密算法（PQC）的融合应用。实验设备采用了国盾量子研制的 QKD 产品，国盾量子研发团队在实验中进行了相关 QKD 设备和 PQC 上位机通信的设计，搭建实验平台完成 QKD＋PQC 的网络实验的数据采集、分析等工作。各方共同发挥自身的科研和产业优势，推动量子安全技术的融合发展。

2021 年 8 月，国盾量子、中国科学技术大学、国科量子、济南量子院与上海交通大学等单位组成的联合团队完成了国际首次量子密钥分发（QKD）和后量子密码（PQC）融合可用性的现网验证。相关工作作为编辑推荐文章发表在著名学术期刊《光学快报》上。该研究进一步在现网实际业务中验证了融合方案的可行性，不仅将 PQC

认证协议集成到 QKD 设备内部，还在多用户、现网通信条件下进行了长时间运行测试。实验中，研究人员使用了国盾量子系统频率为 40 MHz 的 QKD 设备进行协议集成，PQC 认证协议参与了 QKD 协议交互的对基、纠错、保密增强、密钥校验等全部数据交互环节。

4. 中国首次实现 15 用户量子安全直接通信网络

2021 年 9 月，上海交通大学的陈险峰团队和江西师范大学李渊华等人合作构建了一个包含 15 个用户的量子安全直接通信（QSDC）网络（图 5.25）。他们利用量子安全直接通信原理，首次实现了网络中 15 个用户之间的安全通信，传输距离达 40 km。这为未来基于卫星量子通信网络和全球量子通信网络的建设奠定了基础。

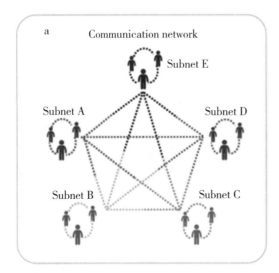
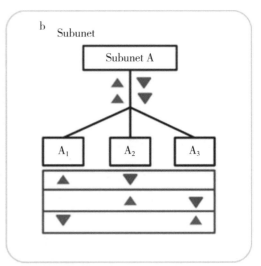

图 5.25　量子安全直接通信网络示意

（来源：《光科学应用》。）

为了实现 QSDC 的广泛应用，研究人员构建了全连接的基于纠缠的 QSDC 网络，包括 5 个子网，15 个用户。其中，任何两个用户共享的纠缠态的保真度都高于 97%。结果表明，当任意两个用户在长度为 40 km 的光纤上进行 QSDC 时，他们共享的纠缠态的保真度仍然超过 95%，信息传输速率保持在 1 kbps 以上，证明了所提出的 QSDC 网络的可行性。该网络具有很好的可扩展性。利用这种方案，每个用户通过共享的不同波长的纠缠光子对与任何其他用户互连。此外，在使用高性能探测器以及偏振调制器（PM）的高速控制的情况下，可以提高到大于 100 kbps 的信息传输速率。

5. 中国科学技术大学、国盾量子等实现 46 节点量子城域网

2021 年 10 月，中国科学技术大学潘建伟、陈腾云、彭承志、赵勇等，清华大学马雄峰等，以及国盾量子和宁波大学的研究人员，在一篇发表于 *Nature* 合作期刊 *NPJ Quantum Information* 的论文中，介绍了一个具有 46 个节点的量子城域网的现场操作。通过采用具有可扩展配置的网络维护标准设备实现了不同的拓扑结构。

该团队连续运行网络 31 个月，通过复杂的密钥控制中心实现了 QKD 配对和密钥管

理。该网络支持实际应用，包括实时语音电话、短信和文件传输，以及一次一密加密，从而支持 11 对用户同时进行音频通话。这项技术可以与城际量子主干网结合，并通过地面卫星链路形成全球量子网络。

（二）我国量子通信网络建设规划

除了已取得的成就，中国在量子通信网络建设方面也有诸多规划。

1. 最大量子城域网项目正式启动建设

2021 年 9 月，在"2021 量子产业大会"上，合肥量子城域网项目正式启动建设。该城域网系目前中国最大、覆盖最广、应用最多的量子城域网，有望打造成为实用化量子通信网络的标杆范例。

合肥量子城域网基于合肥市电子政务外网，构建量子核心网和接入网，包含 8 个核心网站点和 159 个接入网站点，建设量子安全服务平台，实现数据库量子安全加密。量子密钥分发网络光纤全长 1067 km，为市、区两级近 500 家党政机关提供量子安全接入服务。是规划建设中的中国最大、覆盖面最广、应用最多的量子城域网。

2. 将发射可在全球实现量子密钥分发的低轨"量子星座"

2021 年 9 月，中国科学院院士王建宇在"2021 量子产业大会"上透露，除了墨子号量子卫星，一个可在全球实现量子密钥分发（QKD）的低轨"量子星座"，预计 2022 年将发射首颗卫星，这将推动量子卫星通信进一步从科学实验室走向落地商业运营。近几年来，围绕构建全球量子通信网络的愿景目标，中国制定了"三步走"策略：基于现有光纤的城域网、基于可信中继的城际网和基于卫星中转的洲际网。未来"量子星座"的构建将加快实现这一目标。

二、美国量子通信实用化进展介绍

在量子密钥分发和量子保密通信试点应用领域，美国起步最早。2003 年，美国 DARPA 资助哈佛大学建立了世界首个量子密钥分发保密通信网络。

（一）DARPA 量子通信网络

2002 年开始，由 DARPA 资助以及 BBN 公司、哈佛大学和波士顿大学联合开发，美国在坎布里奇市开始建造第一个量子通信网络（图 5.26）。2005 年 5 月之前，该网络共运行 6 个节点。2005 年 5 月后不久，节点增加到了 10 个，其中 4 个节点之间使用基于弱相干态相位编码 BB84 的光纤量子密钥分发技术，采用光开关切换连接构成无中继网络。此外，其他链路通过中继接入，包括两条自由空间链路和一条基于纠缠的量子密钥分发链路。

（二）美国首个商用量子加密通信网络

2012 年，美国伯特利公司和瑞士 IDQuantique 公司合作，开始着手建立美国首个商用量子加密通信网络——伯特利量子通信网络。2013 年 10 月，在 IDQuantique 公司的帮助下，伯特利公司成功建立起了全长约为 12 英里（1 英里 ≈ 1.6 km）的量子保密通信

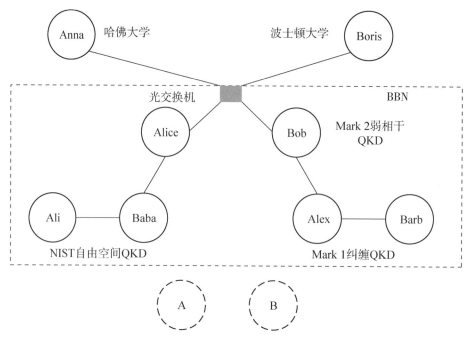

图 5.26　美国 DARPA 网络拓扑结构

网络。2014 年初，伯特利量子网络的第一阶段已经完成。

（三）Battelle 量子通信网络

2013 年，美国 Battelle 公司公布了环美量子通信网络项目，计划采用瑞士 IDQuantique 公司设备，基于点对点量子密钥分发结合可信节点中继的组网方式，为谷歌、微软、亚马逊等互联网巨头的数据中心提供具备量子安全性的通信保障服务。

（四）"量子环路"

2020 年，美国能源部阿贡国家实验室和芝加哥大学的科学家们在芝加哥郊区创建了一个 52 英里（83 km）的"量子环路"，建立了美国最长的陆基量子网络之一。该网络将与能源部费米实验室连接，建立一个 80 英里（128 km）的三节点试验台。

近年来，美国非常重视量子信息科学带来的挑战和机遇，不断加大在量子信息科技方面的投入，为维持和扩大美国在量子信息科科（Quantum Information Science，QIS）领域的领导地位持续努力。

2018 年 6 月，美国众议院科学委员会高票通过《国家量子倡议法案》，计划在 10 年内拨给能源部、国家标准与技术研究院、国家科学基金会 12.75 亿美元，用于开展量子信息科技研究。同年 12 月，特朗普签署该方案，全方位加速量子科技的研发与应用，确保美国量子科技领先地位，开启量子领域的"登月计划"，其中包括多个校企合作的量子计算中心。

2018 年 9 月，美国白宫科技政策办公室（Office of Science and Technology Policy，OSTP）、国家科学技术委员会（National Science and Technology Council，NSTC）发布

《量子信息科学国家战略概述》。白宫认为，量子信息科技将引领下一场技术革命，给国家安全、经济发展、基础科研等带来重大变革。

2020 年 2 月，美国白宫网站发布一份《美国量子网络战略构想》，提出美国将开辟量子互联网，确保量子信息科学惠及大众。同年 7 月，美国能源部公布了一项致力于打造量子互联网的计划，目标是十年内建成与现有互联网并行的第二互联网——量子互联网。

2021 年 1 月 19 日，美国国家科学与技术委员会发布《量子网络研究协同路径》报告。该报告在《美国量子网络战略愿景》的基础上，针对联邦机构可以共同采取的行动提出了 4 条技术建议和 3 条方案建议，便于加强美国在量子网络利用方面的知识基础和准备。

2021 年 6 月，总部位于美国、致力于加密量子安全产品服务的 CommStar 宣布，将整合并运营一个最先进的通信基础设施，用于空间数据的分发。其中，Quantum Xchange 将在 CommStar 架构中提供量子安全加密，端到端保护整个"地－月通信网络"。其服务合作伙伴提供的融合全球基础设施的综合服务将使商业、民用科学和政府实体通过超安全、量子保护的网络创建、存储和传递空间数据。

与此同时，美国自 2017 年起正式禁止出口量子密钥分发相关技术和器件。

2021 年 11 月 25 日，美国商务部工业与安全局宣布，将 27 个实体和个人列入所谓的"军事最终用户"清单，打压拉黑了 12 家中国企业，包括国盾量子、合肥微尺度物质科学国家实验室等。

三、欧盟量子通信实用化进展介绍

欧盟专门成立了包括法国、德国、意大利、奥地利和西班牙等国在内的量子信息物理学研究网。从欧盟第五研发框架计划（FP5）开始，就持续对泛欧洲乃至全球的量子通信研究给予重点支持。陆续发布了《欧洲研究与发展框架规划》《欧洲量子科学技术》计划以及《欧洲量子信息处理与通信》计划，在《量子信息处理与通信战略报告》中提出欧洲量子通信的分阶段发展目标。欧盟还部署了由量子技术旗舰计划支持，并计划 2030 年前建成的泛欧量子安全互联网。2007 年至今，欧盟实现了量子漫步、太空和地球之间的信息传输，成立"基于量子密码的安全通信"工程，推进量子通信项目建设并于 2016 年宣布计划启动 10 亿欧元的量子技术旗舰项目，在欧洲范围内实现量子技术产业化。

2006 年开始，欧盟成立了包括英国（在退出欧盟前）、法国、德国、意大利、奥地利和西班牙等国 40 个相关领域的研究组在内的 SECOQC 工程（图 5.27）。2008 年 10 月，SECOQC 在奥地利维也纳现场演示了一个包含 6 个节点的量子通信网络，集成了单光子、纠缠光子、连续变量等多种量子密钥分发系统，建立了西门子公司总部与位于不同地点的子公司之间的量子通信连接，包括电话和视频会议等。该网络在组网方式上完全基于可信中继方式，使用了多种量子密钥分发协议，演示了可信中继方式组网的兼容性。该网络中包含基于 COW 协议的量子密钥分发设备、IDQ 公司的即插即用式量子密钥分发设备、东芝欧研所的弱相干态量子密钥分发设备、基于纠缠分发的量子密钥分发设备、连续变量量子密钥分发设备以及一条 80 m 的自由空间链路。

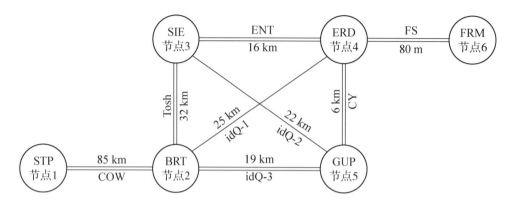

图 5.27　欧洲 SECOQC 网络拓扑结构

欧盟委员会 2016 年发布《量子宣言》，提出欧洲量子技术旗舰计划，计划 3 年左右建设低成本量子城域网并建立量子通信设备和系统的认证及标准，6 年左右利用可信中继、高空平台或卫星实现城际量子保密通信网络建设，10 年左右建成量子互联网。

2017 年，多家欧洲研究机构发起成立量子互联网联盟（Quantum Internet Association，QIA），目标是通过开发、集成和演示所有功能性硬件和软件子系统，为基于纠缠的泛欧量子互联网制定蓝图。

2019 年，旗舰计划启动 OPEN-QKD 项目，包括英国电信、德国电信、剑桥大学、诺基亚贝尔实验室等在内的 38 个参与方联合开展包括卫星、光纤量子通信网络及智能电网、金融、医疗、云数据中心互联等行业应用研究。

2020 年 3 月，旗舰计划发布了一份战略研究报告，提出了细致可行的短期目标和中长期发展建议。短期目标（3 年愿景）包括：基于欧盟量子通信基础设施（EuroQCI）端到端安全的考虑，开发用例和商业模型，开发用于城市间和城市内的经济高效且可扩展的设备和系统；开发可信节点网络的功能，提升光纤、自由空间和卫星链路之间的互操作性；利用 QKD 协议和具有可信节点的网络，开发用于全球安全密钥分发的基于卫星的量子密码；与 ETSI 等主要欧洲标准组织合作开展标准制定工作，制定用于 QRNG 和 QKD 的认证方法；进一步发展 QKD、QRNG 和量子安全认证系统，应表明其为用于关键基础设施、物联网和 5G 做好了技术准备；实现欧盟国家间可信节点上的端到端安全通信等。中长期目标（6～10 年愿景）包括：演示一系列物理距离遥远（至少 800 公里）的量子中继器；演示至少 20 个量子比特的量子网络节点；演示设备无关的 QRNG 和 QKD 等。

2021 年 6 月，欧盟委员会宣布选择了一个由多家公司和研究机构组成的财团，研究未来欧洲量子通信网络 EuroQCI（量子通信基础设施）的设计。它将实现欧盟关键基础设施和政府机构之间的超安全通信。这个欧洲财团由空中客车公司领导，其成员主要来自法国和意大利，EuroQCI 将把量子技术和系统集成到地面光纤通信网络中，还包括一个天基部分，确保覆盖整个欧盟和其他大陆。最终，这将使欧洲的加密系统和关键基础设施（诸如政府机构、空中交通管制、医疗设施、银行和电网）免受当前和未来的网络威胁。同年 7 月，欧盟 27 个成员国已全部签署欧盟量子通信基础设施协议，由欧盟委员会协调地面部分建设，通过光纤通信网络连接国家和跨境战略站点，由欧空局（ESA）协调空间部分建设，基于卫星连接整个欧盟和全球的国家量子通信网络。

四、英国量子通信实用化进展简介

2021 年，英国完成了首个工业量子安全网络的测试见图 5.28。

2021 年 4 月，一个 7 km 的网络使用量子密钥分发（QKD）技术在英国国家复合材料中心（NCC）和英国建模与仿真中心（CFMS）之间进行安全数据传输。之后，成功地在英国电信的商业光网络上使用 QKD 共享远程生成的实时数据。QKD 系统平均每周生成 0.7～0.8 Tbit 的安全密钥，连续运行了 6 个月。

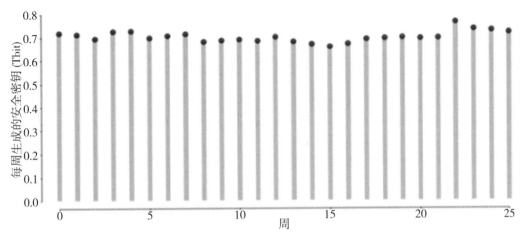

图 5.28　英国量子安全网络测试情况：7 km NCC-CFMS 网络生成的安全密钥
（来源：英国电信。）

2021 年 6 月，由英国国家量子技术计划（NQTP）资助的量子通信中心团队展示了一个涉及四方的量子安全会议电话。这是量子安全通信领域的一大进展，为未来具有固有的不可破解安全措施的会议电话打下基础。研究人员利用量子物理的多体量子纠缠特性，通过一种被称为量子会议密钥协商（QCKA）的过程，在四方之间同时共享密钥，克服了传统 QKD 系统只能在两个用户之间共享密钥的局限性，使第一个量子电话会议得以召开。

同时，英国也加快部署量子通信网络，预计将于 2023 年发射量子卫星。

2021 年 5 月，维珍航空已通过其子公司维珍轨道投资了英国量子加密公司 Arqit，并签署了卫星发射合同，计划于 2023 年从英国的康沃尔郡发射两颗 Arqit 量子卫星。这将建立在已有的 QKD 协议的基础上，以扩展 Arqit 创建骨干网和向全球客户数据中心传输安全密钥的能力。

五、日韩量子通信实用化进展介绍

日本于 2000 年将量子通信列为国家级高技术开发项目，并制定长达 10 年的中长期研究计划，将量子通信提升为国家战略。目前，日本每年投入 2 亿美元，规划在 5 ～ 10 年内建成全国性的高速量子通信网。不仅如此，日本的国家情报通信研究机构（NICT）也启动了一个长期支持计划。日本国立信息通信研究院也计划在 2020 年实现量子中继，到 2040 年建成极限容量、无条件安全的广域光纤与自由空间量子通信网络。高强度的研发投入，"产官学"联合攻关的方式极大推进了研究开发，推动了量子通信的关键技术如超高速计算机、光量子传输技术和无法破译的光量子密码技术的攻关和实用化、工程化探索，在量子通信专利申请上成绩显著。比如，NEC、东芝、日本国立信息通信研究院、东京大学、玉川大学、日立、松下、NTT、三菱、富士通、佳能、JST 等各大企业和科研机构在量子通信领域的专利申请量居全球领先，专利质量较高，技术水平突出。近期进展主要包括：

（1）日本计划在近 5 年内建立短距离量子互联通信网。

（2）东芝宣布即将部署商业量子密钥分发（QKD）平台（图 5.29），到 2035 年，有望突破 200 亿美元的市场份额。东芝的研究团队也非常强大，其研究小组在剑桥提出新的 TF-QKD 协议，承诺将实际的 QKD 扩展到"城际"距离，达 500 km。

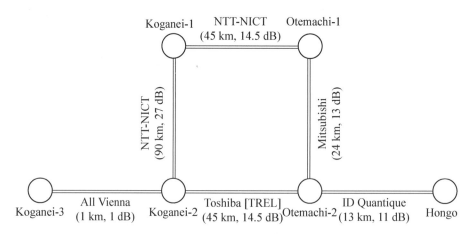

图 5.29   日本东京 QKD 网络拓扑结构

（3）2010 年 10 月，日本 NICT 主导，联合 NTT、NEC、三菱电机、东芝欧研所、瑞士 IDQ 公司和奥地利 AllVienna 共同协作，在东京建成了 6 节点城域量子通信网络。该网络也是一个基于多种量子密钥分发协议的混合展示，集中了当时欧洲和日本在量子通信技术上开发水平最高的公司和研究机构的最新技术，最远通信距离为 90 km，并在全网络上演示了视频通话。

（4）2020 年，东芝、NEC 和三菱电机等十几家公司和研究机构正在领导一个全球量子密码通信网络研究项目，计划用 5 年时间创建一个由 100 个量子密码设备和 10000 个用户组成的网络。

近年来，韩国也不断加大在量子保密通信领域的投入。主要事件包括：

（1）2015 年，韩国 SKT 宣布计划建设总长约 256 km，连接盆塘、水原和首尔的星型量子保密通信网络，并计划在 2025 年建成全境量子保密通信网络设施，推广量子安全加密服务。

（2）2016 年，SKT 报道了其在韩国首尔已经建成的量子通信网络，量子密钥分发链路长 35 km，连通了 SKT 在首尔的两处研发机构，通过该链路将一个无线局域网接入 SKT 的互联网骨干网。SKT 自行研发了量子密钥分发设备，设备所采用的机箱平台近似于传统的电信通信设备，其量子密钥分发模块可以在 50 km 距离下达到 10 kbps 量子密钥成码率。

（3）2020 年，韩国提出"数字新政"计划，建设全长 2000 km 的 QKD 网络，IDQ 及其战略合作伙伴 SK 电信已在韩国部署了 QKD 试点，其中包括 SK 电信的 LTE 和 5G 网络首尔至大田段，以及韩国电力公司的电力网络 40 公里段。他们签署了建设 2000 公里 QKD 网络的合同，该网络为韩国 48 个政府组织提供网络服务。韩国将建成除中国以外世界上最大的运营 QKD 网络。

（4）2021 年 3 月，韩国标准科学研究院（KRISS）和国家安全技术研究院（NSR）通过联合研究，成功地在 20 km 区间内实施了量子直接通信（Quantum Direct Communication，QDC）。这是韩国首次成功开发和展示量子直接通信技术。

（5）2021 年 5 月，韩国量子密码通信基础设施试点建设项目第二次开展，2021 年计划为 15 个要求较高的机构（公共 6 个，私营 9 个）示范和提供 19 项服务，包括公共机构（大田市政府、大田自来水公司总部、净水业务办公室）管理和设施安全，以及医疗机构（首尔顺天乡大学医院，富川）之间的远程合作开发和演示。量子密码通信基础设施试点建设项目投资总计 290 亿韩元（2020 年投资 150 亿韩元，2021 年投资 140 亿韩元），已应用于 48 个政府部门的下一代国家融合网络（公共管理和安全部）项目。项目还计划出台《量子密码通信示范基础设施建设和运营综合指南》，推动初步市场形成。

（6）2021 年 6 月，韩国政府宣布韩国将建立工业量子保密通信网络。政府选择了韩国最大的移动通讯运营商 SK 电讯领导的财团，参与建立和运营量子保密通信试点基础设施的国家项目。该项目旨在确保核电站等关键工业设施中应急通信网络的稳定性，并加强对公共机构的关键数据和个人信息的保护。量子保密通信将保护平和集团的氢汽车零部件技术、启明大学东山医院智能机器人获得的个人信息数据以及物理安全公司 ADT Caps 保存的安全视频数据。

六、俄罗斯量子通信实用化进展介绍

（一）俄罗斯在喀山建成多枢纽量子通信网络

2016 年，俄罗斯喀山量子中心与圣光机大学设计并在喀山建有多枢纽量子通信网络。该量子通信网络目前连接了 4 个节点，利用了 Tattelecom 电信公司的光纤通信链路，其中 2 个节点位于卡赞卡河不同侧的 Tattelecom 机房中，另外 2 个节点位于喀山量子中心不同地理位置的机房中，节点之间的距离约为 10 km。

（二）俄罗斯量子通信网络预计在10～15年内全面运行

2021年6月，俄罗斯政府预计，在10～15年内，俄罗斯量子通信网络将实现商业运营，目前原型系统已经投入使用。俄罗斯国营铁路公司已开通从莫斯科到圣彼得堡之间的首条量子通信干线，全长700 km，是目前欧洲最长的一条。

（三）俄罗斯为量子卫星通信项目提供融资

2021年6月2日，俄罗斯天然气工业银行为Qrate量子卫星通信项目提供了600万卢布的融资。此外，Qrate还获得了创新促进基金会2000万卢布的资助。该公司计划将收到的资金投资于创建用于接收来自太空的量子信号和高速光通信"卫星对地"的地面设备。

俄罗斯近期量子通信网络建设进展情况，见表5.1。

表5.1　俄罗斯量子通信网络建设进展

序号	时间	重要事件
1	2021年6月	俄罗斯量子网络的第一部分建成，由俄罗斯铁路子公司Transtelecom与圣彼得堡国家信息技术，机械学与光荣学研究型大学（ITMO）、Special Technological Center有限公司、SMARTS-Quanttelecom有限公司和Amikon有限公司合作，从圣彼得堡到莫斯科，建设了长度超过700 km，欧洲最大、世界二的量子通信线路，计划到2024年，启动700 km的量子网络。
2	2021年6月	俄罗斯铁路和俄罗斯电信（Rostelecom）开始联合开发量子通信
3	2021.08	俄罗斯铁路在谢列梅捷沃测试通信保护技术
4	2021年10月	在国家数字经济计划下，负责开发量子通信的俄罗斯铁路控股公司宣布了一项开发和创建连续变量量子系统的招标，金额为1.38亿卢布

（来源：ICV。）

七、其他国家量子通信实用化进展介绍

（一）印度陆军建立了首个量子实验室

2021年12月，印度陆军在印度军事电信工程学院（MCTE）建立了量子实验室，旨在在量子关键发展领域进行研究和培训。实验室将重点推动的领域是量子密钥分发、量子通信、量子计算和后量子密码技术研究。

（二）南非建成一条量子密钥分发链路

2010年5月，南非德班市建成了一条量子密钥分发链路，连通德班市内的两个地点。该链路两点间的通信使用分发的量子密钥结合AES算法加密，加密后的经典通信速率可达1 Gbps。该链路在南非世界杯期间成功运行，用于前方和后方的新闻传输。

（三）七国集团将联合开发基于卫星的量子保密网络

2021 年 6 月，在 G7 峰会上，七国（美国、加拿大、英国、法国、德国、意大利、日本）领导人宣布了联合开发基于卫星的量子保密网络，建设联邦量子系统（FQS），FQS 将实现盟国之间的互操作性。例如，战斗机和其他军事单位以及指挥和控制中心将能够在主权控制的网络中更安全地共享通信。

第六章　量子通信应用

第一节　公众网络的安全增强

一、新型安全技术的应用迫在眉睫

当代密码学，包括椭圆曲线密码体制，被广泛用于保护我们的在线支付、银行交易、电子邮件甚至语音通话。今天大多数加密算法都基于公开密钥体制，它通常被认为是安全的，可以抵御来自当代计算机的攻击。然而，量子计算却能借助比传统计算机更快地反向计算出私钥的能力而轻易打破这种安全性。

目前使用的密码算法，大多依赖于算法的复杂性来保证其安全性。比如，给出两个大约数，很容易就能将它们两个相乘。但是，给出它们的乘积，找出它们的因子就显得不是那么容易了。这就是 RSA 公钥算法的关键所在。但是，如果能够找到解决整数分解问题的快速方法，这个重要的密码系统将会被攻破。

Shor 算法，以数学家 Peter Shor 命名，是一个在 1994 年发现的，针对整数分解题目的的量子算法（在量子计算机上面运作的算法）。它解决如下题目：给定一个整数 N，找出他的质因数。这在当年引起了轰动，它展示了一个足够大的量子计算机，在理论上是能够把质因数分解的时间复杂性从指数时间降到多项式的时间。

在一个量子计算机上面，要分解整数 N，Shor 算法的运作需要多项式时间（时间是 $\log N$ 的某个多项式这么长，$\log N$ 在这里的意义是输入的档案长度）。更精确的说，这个算法花费 $O(\log N)$ 的时间，展示出质因数分解问题可以使用量子计算机以多项式时间解出，因此在复杂度类 BQP 里面。这比起传统已知最快的因数分解算法，普通数域筛选法还要快了一个指数的差异。

Shor 算法非常重要，因为它表明，如果使用量子计算机的话，我们可以用来破解已被广泛使用的公开密钥加密方法，也就是 RSA 加密算法。RSA 算法的基础在于假设了我们不能很有效率地分解一个已知的整数。就目前所知，这假设对传统的（也就是非量子的）电脑为真；没有已知传统的算法可以在多项式时间内解决这个问题。然而，Shor 算法展示了因数分解这问题在量子计算机上可以很有效率地解决，所以一个足够大的量子计算机可以破解 RSA。这对于建立量子计算机和研究新的量子计算机算法，是一个非常大的动力。

然而，这种算法需要依赖可操作大量量子的计算机。虽然有些人已经尝试了用各种量子系统来实现 Shor 的算法，但是没有人能在超过几个量子比特的系统上以可扩展（scalable）的方式这么做。所以，Shor 算法虽然具有理论的意义，但一直没法真正在工程上使用。

在 2001 年，IBM 的一个小组展示了 Shor 算法的实例，使用 NMR 实验的量子计算机，以及 7 个量子位元，将 15 分解成 3×5。然而，对 IBM 的实验的是否是量子计算的真实展示，则有一些疑虑出现，因为没有缠结现象被发现。在 IBM 的实验之后，有其他的团队以光学量子位元实验 Shor 算法，并强调其缠结现象可被观察到。

近年来，量子计算机开始加速发展。量子计算是基于量子力学的全新计算模式，具有原理上远超经典计算的强大并行计算能力，为人工智能、密码分析、气象预报、资源勘探、药物设计等所需的大规模计算难题提供了解决方案，并可揭示量子相变、高温超导、量子霍尔效应等复杂物理机制。

类似于经典计算机，量子计算机也可以沿用图灵机的框架，通过对量子比特进行可编程的逻辑操作，执行通用的量子运算，从而实现计算能力的大幅提升，甚至是指数级的加速。例如，如果用每秒运算万亿次的经典计算机来分解一个 300 位的大数，需要 10 万年以上；而如果利用同样运算速率、执行 Shor 算法的量子计算机，则只需要 1 秒。因此，量子计算机一旦研制成功，将对经典信息安全体系带来巨大影响。

目前，美国谷歌公司、IBM 公司以及中国科学技术大学是全球超导量子计算研究的前三强。2019 年 10 月，在持续重金投入量子计算 10 余年后，谷歌正式宣布实验证明了"量子计算优越性"。他们构建了一个包含 53 个超导量子比特的量子处理器，命名为"Sycamore（悬铃木）"。在随机线路取样这一特定任务上，"悬铃木"展现出远超超级计算机的计算能力。2021 年 5 月，中国科学技术大学构建了当时国际上量子比特数目最多的 62 量子比特超导量子计算原型机"祖冲之号"，并实现了可编程的二维量子行走。在此基础上，进一步实现了 66 量子比特的"祖冲之二号"。"祖冲之二号"具备执行任意量子算法的编程能力，实现了量子随机线路取样的快速求解。根据目前已公开的最优化经典算法，"祖冲之二号"对量子随机线路取样问题的处理速度比目前最快的超级计算机快 1000 万倍，计算复杂度较谷歌"悬铃木"提高了 100 万倍。

随着量子计算机问世并商用的迫近，现有的安全体系面临严峻的考验。在一种新的技术上构建未来的安全体系，一直是学界和业界近年来研究的重点，而量子通信和 PQC，正是研究的焦点所在。

二、PQC 是什么?

后量子密码学（PQC，Post-quantum cryptography），是密码学的一个研究领域。与传统的现代密码学最显著的区别在于它是否能抵抗量子计算机（主要是抵抗 Shor 算法，Shor's Algorithm）。

1994 年，Shor 算法的出现冲击了全球密码学界。该算法在解决素数分解和离散对数的问题时，比传统算法快了指数级。然而，直到 2021 年，主流的公钥密码学仍然是基于因式分解问题和离散对数问题，如 DH，ECC，ECDSA 和 RSA。一旦量子计算机进入应用阶段，这些密码系统都将处于不安全的状态。在这种背景下，密码学界开始了后量子密码学的研究。

实现后量子密码算法主要包括以下四种：基于编码的、基于哈希的、基于多变量的

和基于格的。

（一）基于哈希（hash-based）的方案

最早出现于 1979 年，基于哈希的签名算法由 Ralph Merkel 提出，被认为是传统数字签名（RSA、DSA、ECDSA 等）的可行代替算法之一。基于哈希的签名算法由一次性签名方案演变而来，并使用 Merkle 的哈希树认证机制。哈希树的根是公钥，一次性的认证密钥是树中的叶子节点。基于哈希的签名算法的安全性依赖哈希函数的抗碰撞性。由于没有有效的量子算法能快速找到哈希函数的碰撞，因此（输出长度足够长的）基于哈希的构造可以抵抗量子计算机攻击。此外，基于哈希的数字签名算法的安全性不依赖某一个特定的哈希函数。即使目前使用的某些哈希函数被攻破，也可以用更安全的哈希函数直接代替被攻破的哈希函数。此外，SPHINCS, XMSS 也都是基于哈希的公钥密码方案。由于（密码学的）哈希函数的性质，这样的方案天然地具有抗量子的特性。

（二）基于编码（code-based）的方案

最早出现于 1988 年，主要基于编码的算法使用错误纠正码对加入的随机性错误进行纠正和计算。一个著名的基于编码的加密算法是 McEliece。McEliece 使用随机二进制的不可约 Goppa 码作为私钥，公钥是对私钥进行变换后的一般线性码。Courtois、Finiasz 和 Sendrier 使用 Niederreiter 公钥加密算法构造了基于编码的签名方案。基于编码的算法（例如 McEliece）的方案基于一般线性分组码的解码问题，而该问题是 NP（Non-deterministic Polynomial 多项式复杂程度的非确定性问题）难的，这保证了其理论安全性。其算法包括加密、密钥交换等。但基于编码的算法的主要问题是公钥尺寸过大。

（三）基于多变量（multivariate-based）的方案

基于多变量的算法使用有限域上具有多个变量的二次多项式组构造加密、签名、密钥交换等算法。多变量密码的安全性依赖于求解非线性方程组的困难程度，即多变量二次多项式问题。该问题被证明为非确定性多项式时间困难。目前没有已知的经典和量子算法可以快速求解有限域上的多变量方程组。与经典的基于数论问题的密码算法相比，基于多变量的算法的计算速度快，但公钥尺寸较大，因此适用于无需频繁进行公钥传输的应用场景，例如物联网设备等。

（四）基于格（lattice-based）的方案

最早出现于 1996 年，主要用于构造加密、数字签名、密钥交换，以及众多高级密码学应用，如：属性加密（attribute-based encryption）、陷门函数（trapdoor functions）、伪随机函数（pseudorandom functions）、同态加密（homomorphic Encryption）等。基于格的算法由于在安全性、公私钥尺寸、计算速度上达到了更好的平衡，被认为是最有前景的后量子密码算法之一。与基于数论问题的密码算法构造相比，基于格的算法可以实现明显提升的计算速度、更高的安全强度和略微增加的通信开销。与其他几种实现后量子密码的方式相比，格密码的公私钥尺寸更小，并且安全性和计算速度等指标更优。此外，基于格的算法可以实现加密、数字签名、密钥交换、属性加密、函数加密、全同态加密等各类现有的密码学构造。基于格的算法的安全性依赖于求解格中问题的困难性。在达到相同（甚至更高）的安全强度时，基于格的算法的公私钥尺寸比上述三种构造更小，计算速度也更快，且能被用于构造多种密码学原语，因此更适用于真实世界中的应用。近年来，基于 LWE（Learning with Errors）问题、RLWE（Ring-LWE）问题、SIS（Shortest Integer Solution）和 RSIS（Ring-SIS）的格密码学构造发展迅速，被认为是最有希望被标准化的技术路线之一。

这 4 类方案是最能构造出公钥密码学中已有的各类算法的后量子版本，甚至还能超越［例如基于格的（全）同态加密］等。当参数选取适当时，目前没有已知的经典和量子算法可以快速求解这些问题。除这 4 种方案之外，还有基于超奇异椭圆曲线（Supersingular elliptic curve isogeny）、量子随机漫步（Quantum walk）等技术的后量子密码构造方法。另外，对称密码算法在密钥长度较大时（例如 AES-256），也可被认为是后量子安全的。

然而归根结底，这些算法的安全性，依赖于有没有可以快速求解其底层数学问题或直接对算法本身的高效攻击算法。这也正是量子计算机对于公钥密码算法有很大威胁的原因。

三、量子通信将广泛提升公用网络的安全强度

量子通信技术是量子信息科学的一个重要分支，经过 30 多年的发展，已经在量子密钥分发和量子隐形传态两个方向上形成了实用化落地。

量子密钥分发是指利用量子态来加载信息，通过一定的协议产生密钥。量子力学基本原理保证了密钥的不可窃听，从而实现安全的量子保密通信。与 PQC 不同的是，量子保密通信的安全性基于物理学基本原理，与计算复杂度无关，即使未来强大的量子计算机问世也不会对其安全性形成威胁。

目前中国在量子通信领域已经实现"弯道超车"，是完成首个将量子通信卫星"墨子号"送入太空的国家，也是世界上首次实现基于可信中继方案的远距离量子安全密钥分发的量子保密通信干线"京沪干线"开通的国家。我国率先完成了星地一体量子通信网络关键技术的验证和应用示范，量子通信已经全面实现了实用化。

随着京沪干线的开通以及京汉广干线的建设，当前我国各城市积极响应国家量子通信战略要求和国家发改委量子网络建设规划，加快在量子信息技术产业的布局和城市量子网络基本设施的建设，其中，合肥、济南、北京、上海、武汉、海口等市的量子示范、量子应用网络已建成及投入应用；在量子保密通信干线和城域量子网的基础设施上，政务、金融、交通、能源、军民融合、互联网等行业均已开展应用。

可以预见，量子保密通信结合对称密码体系，是抵御量子计算攻击的核心技术，是未来信息安全体系构建的重要基石。

在网络安全形势日趋严峻的未来，随着国家日益重视网络安全和相关政策的发布，信息安全基础设施将迎来新的建设浪潮，量子保密通信网络也将作为一项关键基础设施迎来大规模的建设和应用。根据专业研究机构的报告显示，量子保密通信未来几年的市

场主要集中在如下几方面：

（一）公众网络传输部分

以覆盖和渗透到公众网、城市的基础设施建设，尤其是运营商的网络为主，按照每年总投资 3500 亿元、其中传送网相关投资 1200 亿元，按照 3～5 年内量子通信渗透率 15% 测算，预计到 2025 年，公众网络领域量子保密通信的市场规模在 180 亿元。

（二）专网部分

以服务于政府、金融、能源、公检法、保密等行业的区域专网或行业专网为主；预计到 2025 年，专网市场规模达到 500 亿元，量子通信渗透率 30%，专网领域量子保密通信的市场规模在 150 亿元。

3. 云安全、互联网及特殊应用领域

以互联网、云技术为基础，基于运营商、金融、云服务等业务的升级迭代，为企业用户或高端个人用户提供基于量子密钥的相关服务等。预计到 2025 年，整体规模达到 500 亿元，量子通信渗透率 30%，预计该领域的市场规模在 150 亿元。

综上所述，预计在 2025 年，量子保密通信的市场规模可以达到 500 亿元。同时，在"十四五"等顶层设计的推动、科研的持续投入、技术成熟度提高和产业化加速下，尤其是在互联网领域，信息安全问题刻不容缓，市场规模有望高于预期。随着"一带一路"建设的深入开展，随着技术和产品的海外拓展，量子保密通信很可能逐步打开海外市场。

第二节　行业或区域专用网络的建设

一、金融行业应用及案例

2016 年，中国银监会将量子保密通信技术写入《中国银行业信息科技"十三五"发展规划监管指导意见（征求意见稿）》。2017 年，中国人民银行将量子通信作为重点新兴技术写入《中国金融业信息技术"十三五"发展规划》。目前我国金融业在全球率先形成了多种量子保密通信应用，包括同城数据备份和加密传输、网上银行加密、异地灾备、监管信息采集报送、人民币跨境收付系统应用等，在银行、证券、期货、基金等行业成功开展了应用示范。

（一）中国人民银行量子通信应用项目

该项目由中国人民银行科技司牵头，中国人民银行信息中心、中国人民银行北京营管部、中国工商银行、中国农业银行、中国银行、中国建设银行、光大银行、北京农商行共 8 家应用单位参与项目建设，主要为中国人民银行分支机构和各家商业银行关于人民币跨境收付信息管理系统（RCPMIS）的业务加密传输报送。

中国人民银行人民币跨境收付信息系统 RCPMIS 业务系统，如图 6.1 所示。

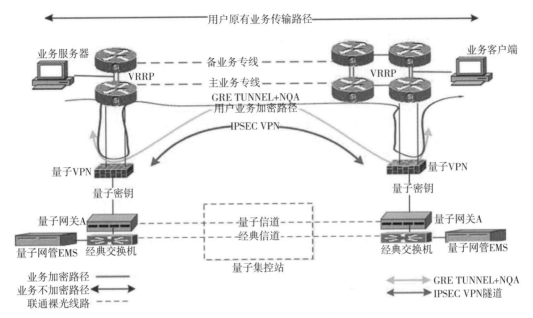

图6.1　中国人民银行人民币跨境收付信息系统

（二）数据灾备业务

量子保密通信由于其较强的安全属性，特别适合应用于大量数据集中存储或者传输的业务场景，而银行的数据灾备业务正是这样的场景。目前我国的银行大多采用"两地三中心"的异地灾备模式或者同城灾备模式，在各个中心间采用量子保密通信构建专用信道，对数据进行加密，保证数据传输安全，是确保用户数据安全，防篡改、防泄漏的有力保障。

比如中国工商银行，其"两地三中心"包括上海外高桥数据中心、上海嘉定数据中心、北京西三旗数据中心。2015年2月，工商银行成功应用量子通信技术实现了该行北京分行电子档案信息在北京同城间的加密传输，这是量子通信技术在国内银行业的首次成功应用。2017年初，工商银行实现北京和上海的数据中心之间的异地网上银行数据灾备应用，这是全球银行业首次应用千公里级量子通信技术，也是我国量子通信技术实用化的一个重要里程碑。

二、电力行业应用及案例

电力通信网作为保持电力系统安全稳定运行的支柱之一，经历了从明线和同轴电缆到光纤传输、从纵横交换到程控交换、从模拟网到数字通信网、从定点到移动通信以及从主要面向硬件到主要面向软件技术的发展阶段变化。随着全球能源互联网的发展，"光纤专网＋IP化"的技术体系将成为电力通信网最主要的进化方向。

光纤专网一直以来被认为具有相当的安全性。但随着攻击技术的发展，已经出现了针对光缆的无损窃听和伪装攻击手段，攻击成本低廉且易实施，光纤专网的安全性受到极大挑战。另一方面，密码体系因计算能力的提升面临很大的风险。随着密钥破解算法的不断突破，以及人类计算能力尤其是量子计算技术的快速提高，迫切需要有效的新技术来实现安全加密。正是在这样的背景下，我国电力行业展开了量子保密通信技术在电网的应用实践，希望利用量子保密通信技术应对不断严峻的国际、国内信息安全形势，有效提升电网信息安全水平（图6.2）。

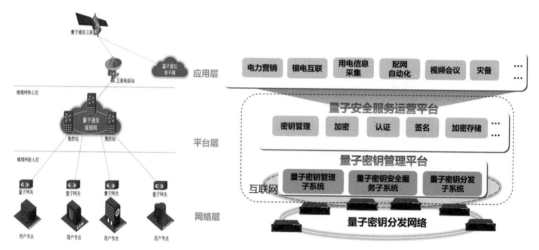

图6.2　量子保密技术在电网中的应用框架

《国家电网公司信息安全体系纲要设计》中，依照"新技术安全"中"对各类新技术应用所带来的安全威胁和相应的安全防护措施应提前评估和研究，并针对性提出应对要求或措施"的要求，引入量子保密技术解决方案，对保护信息通道的保密体系进行革命性加固，有效应对安全体系目前及未来所面临的新威胁。

2016年7月，《国家电网公司量子通信技术研究与应用工作方案》颁布，它包括如下主要内容：在2016—2017年设立量子通信专项，设立10项信息化项目开展示范网及应用试点建设工作，设立11项科技项目，开展技术研究、装备研制、实验室建设、专利布局、标准制定等工作。

目前，国家电网公司已经在保电指挥系统、配网中实现了量子保密通信的初步应用，并形成了结合量子保密通信技术的智能开关、环网柜等一系列新型产品。

三、政务行业应用及案例

当前我国各城市积极响应国家量子通信战略要求和国家发改委量子网络建设规划，加快在量子信息技术产业的布局和城市量子网络基本设施的建设。目前，国内已初步建成量子示范、量子应用网络并投入应用的城市有：北京、上海、合肥、武汉、济南、南京、苏州、乌鲁木齐、海口、贵阳、金华、西安、成都等。

在电子政务领域，合肥市政务网、济南市党政机关专网、武汉市政务专网和海南政务网等均已实现量子保密通信的应用示范和实用化，在近六年间为政务单位、公检法、财政、工商等部门的政务办公、视频会议、电子公文交换、应急指挥、财政支付、大数据中心等重要数据的传输提供安全保障服务。

第三节　云安全与互联网的安全增强

量子密钥分发是一种基于光纤网络的密钥产生和分发手段，其产生的密钥，不仅可以对通信数据进行加密，也可以应用在身份认证、数字签名、数据安全存储等场景。

在实际应用中，为了解决最后一公里的安全传输，适配移动应用场景，业界也提出了一系列的解决方案，大体都是依托于安全芯片，利用预置密钥、安全的密钥更新机制和相应的管理手段，来为手机、移动终端等设备提供安全服务。

一、云服务、云安全应用及案例

图 6.3 简要描述了将量子密钥应用于云平台的实现流程。

（1）密钥服务运营方基于量子密钥分发网络和符合要求的安全介质（SIM 卡、SD 卡、UKey 等），为用户提供安全服务；

（2）密钥服务运营方受理申请，为密钥服务使用方提供安全介质，实现人与安全介质的绑定，类似于电信运营商发卡；

（3）密钥服务使用方使用安全介质访问云中心，云中心对用户的合法性、访问权限进行鉴别；

（4）鉴权完成后，通过专用接口从安全介质中读取并装载密钥；

（5）使用安全介质内的预置密钥对用户的数据进行加密，并传输到云中心，建立量子安全的访问过程；

（6）用户发送信息或文件、使用一次性对称密钥对明文进行加密并传送到对端解密；

（7）云中心对用户的密钥进行维护，根据预先设置的管理规则对密钥进行更新和注销；

（8）访问结束后，记录用户的访问痕迹。

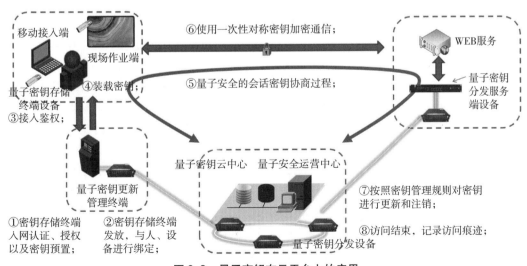

图 6.3　量子密钥在云平台上的应用

二、移动应用场景——"在线＋离线"量子密钥应用及案例

航运水上安全监管系统是以水域智能监管、海事管理服务、安全生产、经济民生、水域治理为目标的智能系统。其前端设备及系统包括水上电子卡口系统、桥梁防撞预警系统、各类监控摄像机、激光超高检测设备、雷达偏航监测设备及系统、AIS 接收基站、VHF 预警系统等，这些前端的设备与系统和后台系统间，有大量的高频率的重要数据传输。为保证关键数据和重要指令在传输过程中不被窃取、不被篡改，在该数据传输链路上同样可以采用量子密钥对数据进行加密保护，如图 6.4 所示。

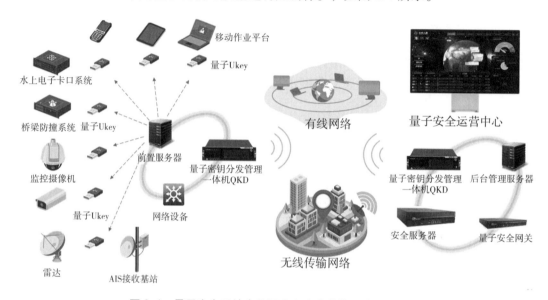

图 6.4 量子安全系统在航运水上安全监管系统中的应用

三、量子安全实验建设及人才培养

2021 年 3 月 1 日，中国科学技术大学获得教育部批复，增设"量子信息科学"这一本科专业。可以预见，未来几年，"量子信息科学"将在全国高水平大学中迎来学科建设的高峰，相应的实验室建设等教学辅助支撑也将迎来巨大的市场机遇。

以信息安全领域的成熟产品和丰富经验为依托，结合量子保密通信产品及技术，打造量子＋安全科学研究实验室，是未来的主要发展方向。该实验室打造高校师生低成本的技术研究验证环境，完善院校实践条件，加快院校学科建设，助力院校实现"学习、实践、学习"的新型教学模式。通过实验室的学习实践，提升学生开发信息安全相关系统模块的能力，加深学生对量子信息科学这一前沿技术的理解与应用，让学生在信息安全行业中就业有更大的竞争力。

该实验室包括了信息安全与量子信息的科学研究类平台及产品，在完整的信息安全产品和量子保密通信产品体系下，基于实体设备和虚拟化环境，提供丰富的安全产品核心防护模块的科研与开发能力，支持师生共同进行课题的研究和验证，打造产学研一体化设施，培养具有独立开发和研究各类安全产品核心功能的人才（图 6.5）。

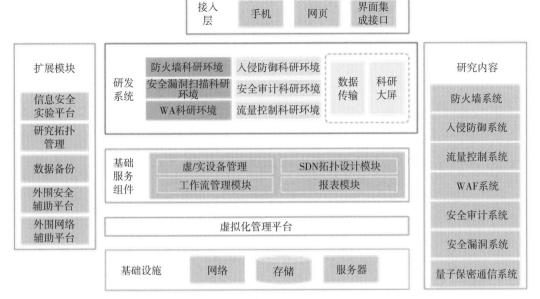

图 6.5　实验室功能框架图示

该实验室支持如下内容的教学和研究：

（1）防火墙核心防护：研究防火墙系统核心的访问控制、应用控制等。

（2）入侵防御核心防护：研究入侵防御系统核心的协议分析、入侵防御等。

（3）流量控制核心防护：研究流量控制系统核心的流量识别、协议识别等。

（4）安全漏洞扫描核心防护：研究安全漏洞扫描系统核心扫描协议、扫描技术的防护。

（5）WAF核心防护：研究 WAF 系统核心的 Web 应用协议、入侵防护等防护。

（6）安全审计核心防护：研究安全审计系统核心协议识别、内容分析等防护。

（7）量子保密通信：量子保密通信网络应用原理、量子保密通信网络搭建及调测、新型密码技术应用、量子保密通信环境下的攻防等。